Matthias Röcke

# VW LT

## Alle Modelle
## 1975 - 1996

HEEL

**Impressum**

HEEL Verlag GmbH
Gut Pottscheidt
53639 Königswinter
Telefon 0 22 23 / 92 30-0
Telefax 0 22 23 / 92 30 13
Mail: info@heel-verlag.de
Internet: www.heel-verlag.de



Verantwortlich für den Inhalt: Matthias Röcke

Redaktionelle Mitarbeit: Till Röcke

Lektorat: Jürgen Schlegelmilch

Fotonachweis: © Volkswagen AG (zeitgenössisches Bildmaterial) sowie Archiv Autor, Archiv HEEL-Verlag, Klaus Fischer, Imago, Jan Strunk, Heinz-Toni Sesterheim

LT-Szene und andere Quellen: Rolf Christmann, Josef Gasch (Archiv), Andreas Gruber, Karolin Kleber, Ruben Krebs, Jörg Ohlenforst, Lukas Ratius, Fabian Schygulla, Peter Seikel, K + S Kali GmbH Werk Zielitz, Erlebnisbergwerk Merkers sowie Automobil-Antiquariat Arno Wagner, Bonn

Spezieller Dank an den Tertiär- und Industrie-Erlebnispark in Enspel/Westerwald (www.stoeffelpark.de) für die Erlaubnis zur Nutzung des Geländes für die Fotoproduktion.

Lithographie, Satz und Gestaltung: Ralph Handmann



Printed in Croatia

ISBN 978-3-95843-504-9

# Inhaltsverzeichnis

Was macht ein Auto interessant, speziell ein Nutzfahrzeug? Die Antwort kann nur sehr individuell ausfallen, hängt von persönlichen Erinnerungen und Erfahrungen ab und ist eigentlich mit Logik gar nicht zu erklären. Versuchen wir es trotzdem am Beispiel des Volkswagen LT der ersten Generation. Vor 21 Jahren wurde seine Produktion eingestellt, vor 42 Jahren war seine Markteinführung. Er war zugleich der erste große VW-Transporter und bis zur Premiere des neuen Crafter im Jahre 2016 der einzige echte VW in dieser Reihe. Das ist zwar durchaus ein Aspekt, aber es erklärt nicht die heutige Bedeutung des LT als ein von der Szene sehr geschätztes Liebhaberfahrzeug. Seine Strapazierfähigkeit und Robustheit spielen eine Rolle, das kernige Aussehen, die günstigen Platzverhältnisse hinter dem Fahrerhaus auch, vor allem aber dies: Während die LT-Freunde mit ihren Wohnmobilen aus den späten Siebzigern, den Achtzigern und den Neunzigern ihre Freude an den erhaltenswerten Youngtimern haben und diese als reiselustige Gemeinschaft voll ausleben, stehen immer noch LT-Exemplare – teilweise über 30 Jahre alt – in Diensten von Handwerkern, Händlern und Busunternehmern. Das ist das Besondere an diesem junggebliebenen „alten" Auto: Die Nutzungen überlappen sich, der pure Spaß und der harte Arbeitsalltag bilden auf faszinierende Weise zwei Parallelwelten.

MAGAZIN

*Im Stadtverkehr kann der VW LT gut mithalten, denn sein Vierzylinder-Zweiliter-Motor leistet gedrosselte 75 PS. Der Lastentransporter wird als Kasten- und Pritschenwagen gebaut, wird aber auch als Fahrgestell mit Führerhaus angeboten*

Auto

**VW baut einen neuen Transporter**

Auf Deutschlands Straßen fährt ein neues Auto aus Wolfsburgs Baukasten: der VW LT.

Die Gäste der Waldwirtschaft Nikolkoe oberhalb der Berliner Havelseen staunten nicht schlecht, als etwa 20 Herren in Monteurhosen aufkreuzten und von Kisten, Sackkarren und Nutzfahrzeugen schwärmten. Es waren Motorjournalisten, die das Volkswagenwerk zum Test des neuen Lasttransporters VW LT eingeladen hatte. Die Wolfsburger hatten sich nämlich den Gag ausgedacht, die Autotester unmittelbar in den Berliner Verkehr des Stadtteils Steglitz hinauszuschicken mit dem Auftrag, in einer Spedition Holzkisten aufzuladen und diese Fuhre nach Nikolskoe zu befördern.

Nicht jedem aber war so ganz wohl bei dem Gedanken, mit einem 214 cm breiten und 487 cm langen Pritschenwagen mitten in den Großstadtverkehr hineinzustechen. Aber der neue LT läßt sich wie ein Pkw fahren.

Der VW LT ist somit ein 'Geheimtip' für diejenigen, die sich mit der Idee der Anschaffung eines Wohnmobils tragen und möglichst viel Wohnraum in einem handlichen Fahrzeug wünschen.

Im Großstadtverkehr mühelos mitzuhalten, ist mit diesem Transporter kein Problem, denn der LT beschleunigt von 0-60 km/h in knapp 9 Sekunden. Er verdankt dies seinem vom Audi 100 abgeleiteten Zweiliter-Motor. Der Vierzylinder leistet gedrosselte 75 PS bei 4300 U/min mit einem maximalen Drehmoment von 15 mkg bei 2400 U/min und einer Verdichtung von 8,2:1, die Normalbenzin erlaubt. Später soll noch eine Diesel-Variante mit einem 65-PS-Perkins-Diesel hinzukommen. Der Motor sitzt vorn zwischen den Sitzen, und da man mit Dämm-Material nicht gespart hat, ist das Motorgeräusch durchaus erträglich.

Selbst wenn man sich einen Frontantrieb gewünscht hätte, ist das Fahrwerk modern: vorn Doppelquerlenker mit Schraubenfedern, hinten Starrachse mit einer Längsblattfeder plus kurzer Hilfsfeder. Dazu Stahlgürtelreifen, Scheibenbremsen vorn mit Bremskraftregler und zusätzlichem lastabhängigem Bremskraftregler.

Das Fahrerhaus ist eine Mischung aus Passat (Armaturen) und VW-Transporter (Lenkung) mit sehr guten Sitzen. Der Fahrer sieht gut, und alle Hebel sind ohne Anstrengung zu erreichen. Exakt zu schalten ist das Getriebe.

Den Lasttransporter (LT) gibt es als Kasten- und Pritschenwagen, aber auoh als Fahrgestell mit Fahrerhaus. Die Nutzlasten betragen je nach Ausführung 1 1/4, 1,5 und 1 3/4 Tonnen, und mit einem zulässigen Gesamtgewicht von 2800 bis 3500 kg sind die LT mit Führerschein 3 zu fahren und vom Sonntagsfahrverbot befreit. Der LT 28 mit 2,8 t Gesamtgewicht gilt als Pkw, wodurch er weder an die 80 km/h-Höchstgeschwindigkeit noch an Lkw-Überholverbote gebunden ist. Er eignet sich besonders gut für den Ausbau zum Wohnmobil, das die Höchstgeschwindigkeit von 120 km/h ausnutzen darf. Die LT werden in Hannover gebaut und tragen zur Sicherung der Arbeitsplätze in diesem VW-Werk bei.

*Text: Heinz Kranz*
*Foto: VW*

■ So verkündete das Magazin der Technik hobby in der Ausgabe 12/1975 die Neuigkeiten aus Wolfsburg/Hannover.

Beide Welten kommen vor in diesem Buch und haben die Recherche außergewöhnlich vielseitig und spannend gemacht. Es ging dabei eben nicht nur um ein bemerkenswertes Nutzfahrzeug, das zwischen 1975 und 1996 als Neuwagen bei den Volkswagen-Händlern stand, sondern auch um interessante Menschen, die mit ihm zu tun haben. Das sind beispielsweise die Studentin, die sich ihr Wohnmobil selbst restauriert, der Schlossermeister, der seinen LT für die tägliche Arbeit braucht, der Rennsportspezialist, der sich einst mit dem Allrad-LT an die Rallye Paris-Dakar gewagt hat oder der junge Buskonstrukteur, der im sozialistischen Ungarn einen Bus auf LT-Fahrgestell entwarf.

Diese und andere werden in diesem Buch nicht einfach nur vorgestellt, sie haben es auch spürbar mitgestaltet. Die Zahl der Unterstützer und Befürworter dieses Werks ist stattlich. Einige haben Fotos beigesteuert oder Aufnahmen unterstützt, andere Tipps gegeben oder sogar eigene Beiträge geschrieben. Dafür danken Autor und Verlag herzlich.

*Matthias Röcke, Sinzig, Mai 2017*

1

KLARE KANTE IN DER MASSE

# DER LT UND SEIN WEG

Wie erleichtert waren wohl die Verantwortlichen bei Volkswagen über die positive Resonanz auf den neuen, großen VW-Transporter seitens der Medien und der breiten Öffentlichkeit? Natürlich war man wie immer sehr erfreut – das klingt einfach. Der Hintergrund gibt der Frage aber dennoch Gewicht, denn die Premiere des Lasten-Transporters im Jahre 1975 ist der Schlusspunkt unter einen langen Prozess mit phasenweise offenem Ergebnis. Noch zwei Jahre zuvor war man in Wolfsburg und Hannover von einer Kooperation mit Mercedes-Benz ausgegangen, hatte also da schon das angestrebt, was Mitte der 1990er dann doch für zwanzig Jahre und zwei Fahrzeuggenerationen verwirklicht werden sollte. Es kam nicht dazu, wie die hauseigenen Aufzeichnungen heute erklären. Volkswagen wollte unbedingt den Frontlenker, um auf minimaler Grundfläche möglichst viel Transportkapazität zu realisieren. Das Ergebnis ist der LT. Mercedes dagegen bevorzugte den Kurzhauber, um ein geräumigeres und komfortableres Fahrerhaus zu haben. Daraus wurde dann der 1977 eingeführte „Bremer Transporter", die Baureihe der Typen ab 207 D. Unstrittig in beiden Häusern ist die Vorgabe des Heckantriebs. Der Frontantrieb scheint ihnen zu diesem Zeitpunkt für höhere Tonnagen wegen problematischer Fahreigenschaften nicht geeignet.

■ Vom ersten Tag an eine prägnante Erscheinung: der neue Lasten-Transporter von VW.

In die höhere Gewichtsklasse von 2,8 bis 4,5 Tonnen Gesamtgewicht zu expandieren, ist schon Mitte der 1960er Jahre das Ziel von Volkswagen gewesen. Der Markt forderte höhere Nutzlasten als der VW Transporter sie bieten konnte. Anders als beispielsweise Wettbewerber Ford entschied sich VW aber nicht für einem komplett neuen Baukasten in allen Transportergrößen wie beim Ford Transit, sondern unter Beibehaltung seines erfolgreichen Klassikers mit Heckmotor für einen völlig anderen, parallel zu bauenden „Lastentransporter".

■ Unverzichtbar im LT-Programm ist der Hochkasten: Volumentransporter liegen im Trend.

Erst 1973 fällt die Entscheidung in beiden Häusern, getrennte Wege zu gehen. Das Ergebnis erfüllt die Zielvorgaben von VW, der LT beeindruckt gegenüber der Konkurrenz vor allem durch besonders viel Platz in relativ kompakten Ausmaßen. Dazu ist den Designern mit der Kabine beziehungsweise der Gestaltung der Kastenwagen ein großes Werk gelungen. Es gibt nicht viele Karosserieentwürfe in der Nutzfahrzeugwelt, die so lange – heute sind es stolze 41 Jahre – aktuell bleiben, in verschiedenen Erdteilen und bei unterschiedlichen Herstellern. Die LT-Kabine gehört dazu. Sie ist Grundlage für die ab 1979 bis 1994 bei MAN produzierte Gemeinschaftsbaureihe beider Hersteller, wenn es auch zu der angedachten Produktion parallel bei VW nie gekommen ist. Die Ausmaße der Kabine werden für den Sechs- bis Neuntonner nur geringfügig angepasst (Seite 28). Und immerhin trägt der MAN auch das VW-Zeichen. Noch nachhaltiger verpflanzt wird die Kabine nach Brasilien zu VW do Brasil. Dort dient sie dem in den 1990ern für kurze Zeit auch in Deutschland angebotenen L 80 (Seite 31) und wird außerdem heute noch als VW Delivery in Brasilien gebaut (Seite 33).

■ Ein neuer Grundtyp ab 1985 ist der LT 55 mit einem Gesamtgewicht von 5,6 Tonnen. Zu den Erkennungszeichen der großen LT mit neuem Gesicht zählen auch die seitlichen „Positionslampen".

## DESIGN UND KABINE

Sein kantiger, unverwechselbarer Auftritt, gepaart mit ausgeprägter Langlebigkeit, hat dem ersten LT von Volkswagen zu seiner heutigen Position als geachteter Youngtimer verholfen. Verstärkt hat diesen Ruf die optische Beliebigkeit der Nachfolger LT II und Crafter. Lizenzfertigungen – Ausnahme Antriebsstrang – durch den Marktführer machen eine Baureihe nicht populär. Der naheliegende Schluss, lieber gleich zum Original zu greifen, ließ sich in der Zeit zwischen 1996 und 2016 einfach nicht aus den Köpfen verbannen.

Nicht so beim ersten LT, obwohl es auch anders hätte kommen können. Er ist vom ersten Federstrich an eigenständig und topmodern und gefällt auf Anhieb. Alles steht und fällt mit der pfeilförmigen Zuspitzung in der Seitenansicht: Die Dynamik des Pfeils verstärkt der Kniff, die Frontscheibe etwas tiefer zu ziehen als die Seitenscheibe. Der Neue zeigt Kante wie ein Lastwagen. Die Kante teilt die Frontansicht. Für die obere Hälfte strahlt die Frontscheibe Großzügigkeit aus, die untere ist klar gegliedert durch den mattschwarzen Grill, der die runden Scheinwerfer und in der Mitte das VW-Zeichen umfasst. Die zwei breiten Blinklichter sitzen genau unter der Kante. Ganz klar eine Applikation zum Lkw schaffen auch die für einen Transporter aufwändigen Seitenspiegel: Sie sind in einem Bügel oben und unten befestigt.

■ **Tief hinab reichende Frontscheibe und klare Gliederung – das Design des LT blieb über 20 Jahre Bauzeit fast unverändert und wurde so etwas wie sein Markenzeichen.**

■ **Klares Profil: Die seitliche Sicke mündet unterhalb der Pfeilspitze in die Frontpartie – der LT wirkt modern und dynamisch.**

Im Kastenaufbau setzt sich die Gestaltung fort. Weiche Linien an den Dachkanten – an der Einzelkabine und der Doppelkabine ergibt dies einen harmonischen Dachabschluss – und die breite, durchlaufende Sicke an der richtigen Stelle betonten Muskelkraft und Stärke. Das kräftige Band verläuft genau zwischen der Unterkante der Frontscheibe und der Oberkante der Blinkleuchten. In Höhe der vorderen Stoßstange gibt es eine weitere, die Fahrzeuglänge messende Kante. Dazu sind die Radläufe dezent, aber unübersehbar betont.

Nur zweimal in seiner über 21-jährigen Bauzeit wird der LT optisch aufgefrischt. Viel muss eben nicht geschehen, um das Design zu aktualisieren. 1985 ersetzen eckige Scheinwerfer die runden, eine farbliche Absetzung betont die Fläche zwischen den Blinkleuchten und hat auch Platz für die deutlich angebrachte Typbezeichnung. Knapp acht Jahre später, auf dem Brüsseler Nutzfahrzeugsalon im Januar 1993, waren die Designer noch einmal aktiv geworden, allerdings wirkt das Ergebnis am 18 Jahre alten Oldie aber doch zu bemüht. Eine schwarze oder auch graue Plastikeinfassung, unten versehen mit einer „Lippe" lässt den Willen zur Modernisierung nur noch erahnen.. An sich wäre die Ära des LT auch ohne diese Auffrischung würdevoll zu Ende gegangen.

■ Die seitliche Schiebetür des Kastenwagens ermöglicht einen bequemen Zugang zum Laderaum.

■ Die beiden hinteren Klapptüren über fast die ganze Fahrzeugbreite ergänzen das Raumkonzept.

■ Drei Jahre nach der Premiere des LT ergänzt eine Doppelkabinen-Version das Modellportfolio. Die „Doka" bietet Platz für bis zu sieben Personen.

Innen bietet der LT für Fahrer und Beifahrer keine Überraschungen außer des konzeptionsbedingten Nachteils des über der Vorderachse stehenden, hoch bauenden Motors. Er ragt deutlich zwischen den Sitzen hervor. Das ist für die Besatzung kein Vergnügen, zumal in der ersten Generation die Geräusch- und Wärmedämmung Anlass zur Kritik gibt. Tachometer, Uhr und Kontrollleuchten gelten als schlecht ablesbar, weil sie zu tief liegen. Alles Negative ändert sich hier zum Guten mit der ersten Überarbeitung der Baureihe. 1983 gibt es nicht nur neue Motoren – und eine neue Einbauhöhe –, sondern auch ein neues Armaturenbrett mit gut ablesbaren Rundinstrumenten. Der Motor ist besser isoliert und so tief im Fahrgestell eingesetzt, dass sogar eine Bank darüber passt. Jetzt können zwei Passagiere mitfahren, sie müssen dabei aber auf ihre Köpfe dicht unter dem Dach achten. In der Breite ist viel Platz, für manche sogar etwas zu viel. Mit 2015 mm Fahrzeugbreite unterliegt der LT auf verengten Fahrspuren einem Überholverbot. Ob sich das in der Praxis ausgewirkt hat? Dem renommierten Fachmagazin für den Nutzfahrzeugsektor *lastauto omnibus* ist es im Testbericht immerhin eine Anmerkung wert.

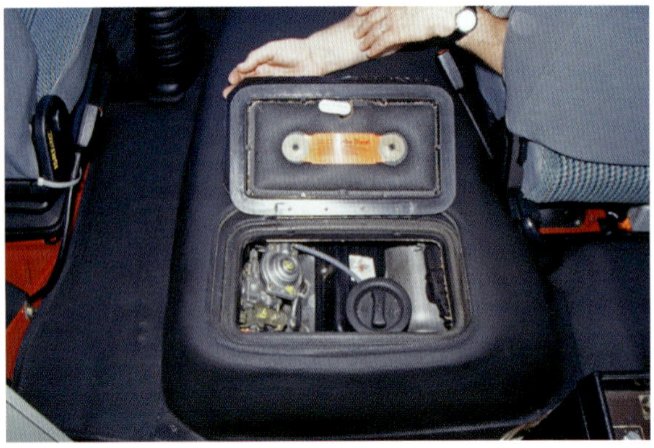

■ **Nicht unbedingt praktisch: Wartungsklappe im Fahrerhaus.**

■ **Mehr Übersicht für den Fahrer bieten die Instrumente nach dem letzten Entwicklungsschritt – hier mit Drehzahlmesser.**

■ **Der dritte Radstand (3650 mm) erweitert ab 1983 die Einsatzmöglichkeiten.**

## AUFBAU UND FAHRWERK

Relativ einfach, aber für alle Anforderungen gewappnet, hatten die Entwickler das Fahrwerk des LT ausgestattet. Nur relativ einfach? Die Vorderachse gibt es nämlich in zwei Varianten, abhängig vom Gesamtgewicht. Die kleineren Typen LT 28, LT 31 und LT 35 haben eine aufwändige Vorderachse mit Doppelquerlenker und Schraubenfedern; ab dem LT 40 werden alle Modelle auch vorn mit einer Starrachse ausgestattet, die jedoch nur Halbfedern aufweist. Stabilisatoren gibt es auf Wunsch.

Die bessere Straßenlage ist den Nutzern also nur gegönnt, soweit das Gesamtgewicht es zulässt. Zweispurig fährt Volkswagen auch bei Aufbau und Fahrgestell. Der Kastenwagen ist selbsttragend ausgeführt, ergänzt um einen Hilfsrahmen aus Längs- und Querträgern. Für die diversen Aufbauten steht ein Kastenrahmen bereit. Vordere Scheibenbremsen hat der LT von Anfang an, sie sind bereits Standard für neue Transporter.
Der LT hat sich als langlebiger Transporter einen Namen gemacht. Nicht nur die robuste Bauweise des Fahrgestells, sondern auch die Verwendung verzinkter Stahlbleche für die Türen und die untere Frontpartie sowie ein Steinschlagschutz vorn und in den Radausschnitten tragen dazu bei. Das Crashverhalten von Transportern ist noch kein großes Thema. Immerhin hat der LT Verformungstöpfe hinter dem Stoßfänger.

■ **Ein Grund für die lange Lebensdauer der LT liegt im robusten Fahrgestell. Hersteller von Aufbauten schätzen zudem das relativ geringe Eigengewicht des Chassis.**

■ **Der LT bewährt sich sofort im Alltagsbetrieb – diesen Bauarbeitern hätte allerdings die Niedrigpritsche noch besser gefallen.**

■ Immerhin 285 Millimetern an Höhe erspart die Niedrigpritsche den Bedienern und das zahlt sich am Ende des Tages aus. Hier ein heute noch eingesetztes Exemplar aus dem Baujahr 1984.

Im ersten Jahr stehen sechs Varianten mit zwei Radständen und einem einzigen Motor zur Auswahl. Bei Produktionsende der Baureihe nach 21 Jahren umfasst das Angebot insgesamt 216 verschiedene Modelle mit drei Motoren und drei Radständen. Zum Start tritt der LT 28 (Radstand 2500 mm, Gesamtgewicht 2800 kg, Nutzlast 1170 kg) als Kastenwagen, Hochkastenwagen und Fahrgestell mit Pritsche und mit Tiefpritsche an, der LT 31 (3080 kg / 1550 kg) mit einem weiteren Radstand (2950 mm). Der LT 35 schraubt 1976 das Gesamtgewicht auf 3790 kg herauf. 1976 verstärkt der erste Dieselmotor das Programm, außerdem kommt der Kastenwagen als Kombi mit seitlichen Fenstern hinzu. 1979 folgt die Doppelkabine als dritte Fahrerhausvariante neben dem einfachen Fahrerhaus und dem Kastenwagen. Mit dem dritten Radstand von 3650 mm – vorbehalten den Typen LT 40, LT 45, LT 50 und LT 55 – ist 1983 das Programm an Karosserievarianten und Chassismöglichkeiten fast komplett. 1985 folgt noch die Sattelzugmaschine LT 35 Z für Sattelauflieger. Zu Beginn noch nicht ausgereizt sind die Gesamtgewichte und Nutzlasten. Erst die Gesamtgewichte von 4000 kg (LT 40), 4500 kg (LT 45), 5000 kg (LT 50, jeweils ab 1983) und 5500 kg (ab 1985) ergänzen das Angebot bis zum Ende der Baureihe.

In der Werbesprache heißt das „Nutzlastfaktor“: Viel Laderaum auf kleiner Grundfläche sind die Besonderheit des LT. Für den LT 55 gibt Volkswagen den „besten Nutzlastfaktor“ der Branche an, zum Beispiel eine Pritschenlänge von 4,60 m bei einer Fahrzeuglänge von 6560 mm. Auch in der Höhe geht es großzügig zu, Kastenwagen und Kombis bieten volle Stehhöhe, jedenfalls in der größeren, ab 1983 angebotenen Hochdachvariante mit 2660 mm Höhe. LT-Kastenwagen und Kombis können immer mit breiten Hecktüren glänzen, hier wird kein Millimeter verschenkt.

Die für Kommunen und Handwerker wichtige Doppelkabine folgt im August 1978. Wie seinerzeit üblich, haben die hinten Sitzenden nur auf der rechten Seite eine separate Tür. Die üppige Breite der Kabine erlaubt vier Personen hinten, wie eng es dort auch immer zugegangen sein mag. Ab der Einführung der tieferliegende Motoren und der Doppelsitzbank für die Beifahrer vorn ist die Doppelkabine also ein Siebensitzer.

■ Der LT 28 als einfacher Kleinbus ist gerade bei Hilfsorganisationen und sozialen Einrichtungen sehr beliebt.

■ Die Volumenlösungen auf dem LT-Fahrgestell: Kofferaufbau aus Leichtmetall oder Kunststoff …

■ … mit Überbauung des Fahrerhauses …

■ … oder mit Planenverschluss, hier umgesetzt auf einem LT mit langem Radstand.

# MOTOREN DER ERSTEN GENERATION

Die Entwicklung des ersten LT über seine lange Bauzeit von 21 Jahren ist vor allem eine Motoren-Geschichte. Und die fängt ganz einfach an: Der ansonsten komplett neu konstruierte LT bekommt einen Reihenvierzylinder aus dem Audi-Regal. Der Audi 100 (Baureihe C1) ist schon 1968 mit dem Benziner ausgerüstet worden. Für den LT hat der Motor eine größere Bohrung erhalten bei unverändertem Hub und leistet 75 PS aus 1984 $cm^3$ Hubraum, während es im Audi 80 PS aus 1760 $cm^3$ Hubraum sind. Beiden gemeinsam ist der Fallstromvergaser. Kombiniert ist der Motor zunächst mit einem Vierganggetriebe, ab 1979 gibt es auch fünf Gänge. Dieser Motor setzt den LT durchaus in Trab, ausreichend und dem Wettbewerb entsprechend in der PS-Leistung. Kritik gibt es an der Einbaulage über der Vorderachse. Der Motor ragt sehr weit in das Fahrerhaus hinein, Wartungsarbeiten sind kompliziert.

Im Premierenjahr des LT ist der Benzinmotor im Transporter noch nicht aus der Mode, dennoch verwundert es seinerzeit, dass der Dieselmotor noch ein Jahr auf sich würde warten lassen. Bei genauerer Betrachtung erweist sich die Verzögerung beim Produktionsanlauf allerdings auch nicht als so nachteilig wie es den Anschein hat, schließlich hat VW noch keine eigenen Erfahrungen mit Dieseltriebwerken sammeln können. Im Golf sollte es noch ein Jahr, im Passat und Audi 80 und 100 noch drei Jahre und im Transporter T3 noch sechs Jahre dauern bis zum ersten Triebwerk mit Selbstzündung. Fürs Erste heißt die naheliegende Lösung also Zukauf. Perkins ist ein guter Name unter den Dieselmotorherstellern, es entspinnt sich eine offenbar auf längere Zeit angelegte Kooperation mit dem britischen Hersteller und dessen praktischerweise in Hannover gelegenen Werk (ehemals Hanomag). Der Perkinsmotor, ein Wirbelkammerdiesel mit vier Zylindern in Reihe, sollte ursprünglich nicht nur für Volkswagen gebaut werden, sondern auch anderen Herstellern angeboten werden. Für kurze Zeit entsteht so die kuriose Situation, dass insgesamt drei der in Deutschland angebotenen mittelgroßen Transporter Motoren aus britischer Fertigung aufweisen: Die Triebwerke im Ford Transit und Bedford Blitz stammen nämlich ebenfalls von der Insel. Zudem sind der Mercedes-Benz L 206 und Artverwandte mit dem seinerzeit noch von der Vorgängerfirma Tempo eingeführten Austin-Benzinmotor ausgerüstet.

Der Perkins-Motor gilt als rau, ein Eindruck, der natürlich durch die Motorlage und „Präsenz" im Fahrerhaus noch verstärkt wird. Zudem passt das zunächst verwendete Vierganggetriebe nicht zum niedrig drehenden, relativ großvolumigen Motor (65 PS aus 2710 $cm^3$ Hubraum). Hier erfolgt schon 1977 die erste Weiterentwicklung in Form eines einheitlichen Vierganggetriebes für Benziner und Diesel. Schon 1979 ist die Perkins-Ära bei VW beendet – und damit auch die Perkins-Produktion in Hannover. Im Konzern steht ein neuer Dieselmotor zur Verfügung in Gestalt des 1978 eingeführten Fünfzylinderreihenmotors aus dem Audi 100. Für den LT wird die Zylinderreihe erweitert, erstmals wirkt also ein Sechszylinder in einem Transporter von Volkswagen. 75 PS aus 2383 $cm^3$ Hubraum hat er zu bieten, fünf PS mehr als der kleinere Audimotor. Zur selben Zeit kommt das besser abgestufte Fünfganggetriebe, womit sich der LT deutlich zügiger bewegen lässt.

**■ Der 75 PS leistende Zweiliter-Vierzylinder (Kennbuchstaben CH) mit 1984 $cm^3$ Hubraum wurde im LT zwischen April 1975 und November 1982 verbaut.**

# MOTOREN DER ZWEITEN GENERATION

Richtig rund ist das LT-Programm – das lässt sich rückblickend sagen – erst mit der zweiten Motorengeneration, mit den 1983 eingeführten Sechszylindern. Das ist seinerzeit nicht nur der Eindruck der Fachpresse und der Kundschaft, sondern in schöner Offenheit auch die Erkenntnis des langjährigen Nutzfahrzeug-Chefentwicklers Gustav Mayer, wie *lastauto omnibus* in Heft 3/1983 berichtet: „Zugegeben, jetzt bin ich zufrieden. Jetzt, wo der LT so ist, wie ich ihn mir schon vor acht Jahren vorgestellt habe." Was ist denn so viel besser? Vor allem alles rund um die neuen Aggregate aus dem VW-Baukasten, konkret aus dem Dieselbaukasten des Golf in der zweiten Generation. Dessen Vierzylinder dient als Grundlage für die neuen Sechszylinder, auch in der Benzinvariante. Bohrung und Hub von 76,5 und 6,4 mm ergeben mit sechs Zylindern einen Hubraum von 2384 $cm^3$ (im Golf 1588 $cm^3$), wobei der Benziner jetzt 90 PS und der Diesel 75 PS leisten. Wie bisher ist der Dieselmotor mit dem Fünfganggetriebe gekoppelt, beim Benziner besteht weiterhin die Wahlmöglichkeit zwischen vier und fünf Gängen. Daneben kommt der Motor zur selben Zeit bei den Personenwagen als Fünfzylinder im Audi 100 (3. Generation) zum Einsatz, als Sechszylinder auch im Volvo 760.

Zusammen mit den neuen Motoren ist den Ingenieuren ein weiterer Fortschritt gelungen: Der längs eingebaute Motor liegt jetzt so tief, dass eine Doppelsitzbank darüber passt, während er bis dahin zwischen den zwei Sitzen thronte. Unverändert problematisch gestaltet sich die Zugänglichkeit des Motors. Die Zeitschrift *lastauto omnibus* spöttelt in

■ „Mit deutlicher Erhöhung des Drehmoments und hohen Leistungsreserven ist der Turbo-Diesel der richtige Motor, wenn höchste Zugkraft gefordert wird." So pries die Werbeabteilung den über 200 Nm starken Sechszylinder im Jahr 1994 an.

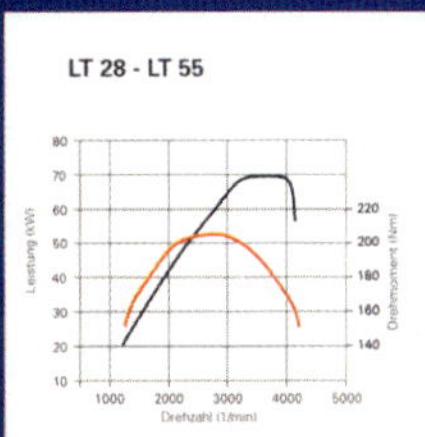


6-Zyl.-Turbo-Dieselmotor mit Ladeluftkühlung 70 kW (95 PS)

■ Mitte der 1980er Jahre hat die Erfolgsgeschichte des LT als Basis für Wohnmobile längst begonnen. Hier der Florida von Westfalia auf einem Werksfoto von Volkswagen.

ihrem ersten Test des Benziners ein wenig: „Sicher, man braucht nicht im Regen zu stehen, um den Ölstand zu kontrollieren. Aber es ist auch nicht gerade empfehlenswert, es im Sonntagsstaat von innen zu tun. Richtig professionell wird es, wenn man an den Motor heranwill, um beispielsweise die Zündkerzen zu wechseln. Zunächst muss der Doppelsitz entriegelt und durch die geöffnete Beifahrertür hochgestellt werden. Dann werden die Schnellverschlüsse der Kapsel geöffnet und die Haube abgehoben .... Doch wie kommt man an den Luftfilter? Wie beim Adventskalender gibt es dafür das dritte Kläppchen hinter dem Fahrersitz." Vom Motor selbst ist der Tester angetan. Hohe Durchschnittsgeschwindigkeit (mit dem Kastenwagen auf einer festgelegten Strecke 72 km/h), hohe Endgeschwindigkeit (140 km/h) und relativ hoher Verbrauch (im Stadtverkehr 15,1 Liter auf 100 km) sprechen für das Fahrvergnügen mit dem Benziner-LT, aber nicht für Effizienz in der gewerblichen Nutzung. Allerdings spielt hier auch die Attraktivität des LT als Wohnmobil eine Rolle, sofern es den Eigentümern nicht auf ökonomische Fahrt ankommt.

Die Zukunft aber heißt Diesel, besonders in Form des ersten Turbodiesels auf Basis derselben Maschine. Der Abgas-Turbolader lässt die Leistung im LT erstmals die 100-PS-Marke überschreiten, genau 102 PS sind es jetzt mit der Einführung des Motors im Jahr 1985. Er wird der Einzige bleiben, denn bei der letzten Weiterentwicklung für die Motoren der Baureihe 1993 wird die Leistung des Turbodiesels mit Rücksicht auf die Abgasnormen auf 90 PS reduziert. Auch der einfache Diesel bekommt Leistung entzogen, hier sind es jetzt noch 69 PS. Mehr Drehmoment über den ganzen Drehzahlbereich und bessere Abgaswerte sind das Ergebnis. Zur selben Zeit ist der Benzinmotor mit Katalysator lieferbar.

# HOCHKASTEN FÜR DAS GELÄNDE – DER ALLRAD-LT AB WERK

Wie steht Volkswagen zum Allradantrieb im LT? Das ist lange Jahre eine aktuelle Frage. Den Bedarf haben Spezialisten früh erkannt und Umbauten angeboten. Das Werk zögert lange, der große Allradboom im privaten Segment wird erst in den 1990er Jahren einsetzen und der Bedarf bei Feuerwehr, Rettungsdienst und Kommunen ist überschaubar. So ist es eine kleine Überraschung, dass VW 1985 dann doch den LT 40 und LT 45 mit Allradantrieb vorstellt. Außerdem überrascht, dass die Allradtechnik aus dem eigenen Haus stammt und nicht wie beim Syncro aus der Baureihe des T3 von Steyr. Der Vorderradantrieb ist mechanisch zuschaltbar, ein Verteilergetriebe sorgt für die Geländeuntersetzung.

Den LT 4x4 gibt es nur im Radstand von 2950 mm, angeboten als Kastenwagen beziehungsweise Kombi in Normalgröße und Hochdachausführung, als Pritschenwagen mit einfacher und mit Doppelkabine, als Fahrgestell dieser beiden Varianten sowie als Fahrgestell mit Windlauf. Der Vorderradantrieb ist mechanisch zuschaltbar, die hintere Differenzialsperre gehört zur Serie, die vordere zur Optionsliste. Wichtiges Unterscheidungsmerkmal zum einfachen LT derselben Größe ist zudem die für schweres Gelände unverzichtbare hintere Einzelbereifung – Felgendurchmesser maximal 17,5 Zoll. Um 110 mm wird der Allrad-LT 40 insgesamt höher als der Hecktriebler, der LT 45 noch einmal um weitere 40 mm. Deshalb erleichtert bei allen Modellen eine zusätzliche Trittstufe den Einstieg.

Als Manko stellt sich das hängende Hinterachsdifferenzial heraus, es beschränkt die Bodenfreiheit auf 210 mm. Auch das Zwischengetriebe sitzt tief, so dass der LT bei der Geländefahrt relativ früh aufsitzt. Alle drei für den LT 40 vorgesehenen Motoren stehen auch im 4x4 zur Wahl, wobei die Turbodieselversion mit 102 PS – im LT 45 die einzige lieferbare Motorisierung – wohl die übliche Wahl gewesen sein wird. Der Saugdiesel (75 PS) ist zu schwach, der Vergasermotor (90 PS) zu

■ Das perfekte Arbeitstier: Der LT 45 4x4 mit Doppelkabine empfiehlt sich bestens für extreme Aufgaben.

## ALARMSTIMMUNG IN HANNOVER

Komplettes Programm mit vier Baureihen, relativ gute Verkaufszahlen und doch große Sorgen im Hintergrund – so ist die Lage der VW-Nutzfahrzeuge 1989. Ein Interview der Fachzeitschrift *lastauto omnibus* im Juni beschreibt das in ungewöhnlicher Offenheit. Interviewpartner ist der Chef des am 1. Februar desselben Jahres installierten Unternehmensbereiches Nutzfahrzeuge, Dr. Bodo Dencker, die Fragen stellt Redakteur Randolf Unruh, bis heute ein ausgewiesener Transporterspezialist.

Wie nötig die selbständige Organisation des Nutzfahrzeugbereiches im vom Pkw dominierten Gesamtkonzern gewesen war, zeigt die unverblümte Bestätigung der Interviewfrage. Dass der Blick dabei auf Daimler-Benz gerichtet war, bestätigt Dencker ebenfalls („ ... nicht Vorbild, aber Anregung ..."). Auch die finanzielle Situation des Nutzfahrzeugbaus wird nicht beschönigt: „Wir haben uns für die Zukunft vorgenommen, wieder einen nennenswerten Beitrag zum Gewinn der VW AG zu leisten." Das soll mit Investitionen und mit Einsparungen gelingen, Stellenabbau in allen VW-Werken ist seinerzeit beschlossene Sache. Und das Werk selbst muss modernisiert werden. Dencker, bis zur Ernennung zum Nutzfahrzeugchef Werkleiter in Hannover, nennt alle Bereiche, „vom Presswerk bis zur Endmontage", als erneuerungsbedürftig. Offenbar war die Bestandsaufnahme, die zur Gründung der Nutzfahrzeugsparte geführt hat, schonungslos offen und alarmierend.

Das gilt auch für das aktuelle Programm. Neue Modelle sind bitter nötig, denn: „Sie gehen in die neunziger Jahre mit einem Programm der siebziger Jahre". Das würde, so die Antwort, Dr. Dencker anders formulieren, bestätigt dann aber indirekt doch die These. Der Transporter T3 stammt von 1979 und ist in seiner letzten Phase, der T4, dessen Parameter Randolph Unruh schon kennt, wird in knapp zwei Jahren folgen. In der gewerblichen Nutzung findet der letzte VW-Transporter mit Heckmotor bei immer noch guten Gesamtzahlen rapide weniger

■ Nicht nur Freude macht in den 1980er Jahren der Produktionsstandort Hannover. Hier ein Bild aus der Anfangszeit.

Abnehmer. Dafür wächst der Freizeitmarkt, weshalb das Werk 1989 keine Kurzarbeit mehr fährt – im Gegensatz zu den Vorjahren. Der Caddy (ab 1980) stammt vom Golf I (1974) ab und ist absatzmäßig ein Sorgenkind, der Taro (ab Anfang 1989), eine Lizenz des Toyota Hilux, spielt keine Rolle auf dem Markt. Bleibt der LT aus dem Jahr 1975. „Zum LT. Mit ihm immerhin hat Volkswagen seine Anteile in Deutschland halten können. Aber die 20.000 bis 25.000 Einheiten im Jahr, sind die nicht für Volkswagen zu gering?" Die Antwort: „Ja, und wir sind auch nicht voll zufrieden. Wir wissen, daß es ein gutes Fahrzeug ist, es hat sich am Markt bewährt. Die Marktanteile sind nicht voll befriedigend." Die spätere Kooperation mit Daimler-Benz rund um den LT II spukt offenbar in den Köpfen beider Gesprächspartner herum. Dencker: „Eine wichtige Frage. Wir kooperieren mit jedem, mit dem es für beide Seiten Sinn macht. Wer sich logistisch, technisch, programmmäßig in das gegenseitige Gefüge reinpaßt. Wir sind also offen".

durstig. Ein Test in *lastauto omnibus* von Oktober 1988 bescheinigt dem LT 45 4x4 gute Geländeeigenschaften, solange man die Bodenfreiheit nicht ausreizt. „Das Auto lässt sich mühelos an Steigungen anfahren, in denen der Fahrer kaum noch aus dem LT klettern kann, oder fast schon aus dem Sitz kippt. Dank seiner Sperren wühlt sich der Transporter durch den Schlamm, durchquert bis zu 500 mm tiefe Gewässer. Am Gelände scheitert der LT Allrad kaum, eher am Unvermögen des Fahrers", heißt es im Text. Den Verbrauch des Turbodiesel auf 100 Kilometer ermittelt die Zeitschrift für die Straßenfahrt 13,2 Liter und für die Geländefahrt 16,2 Liter. Der Test verrät übrigens auch die aktuelle Stückzahl: Ein Fahrzeug am Tag, was eine Jahresproduktion von rund 220 Einheiten bedeuten würde. Dass er keine große Verbreitung gefunden hat, wird auch am Verkaufspreis gelegen haben. Der LT 45 Allrad mit Doppelkabine und Pritsche kostet ohne Mehrwertsteuer 74.231 DM, 18.000 DM mehr als der Unimog U 650! Kommunen werden da kaum zugegriffen haben, eher die Rettungsdienste und die Feuerwehr und natürlich auch die Wohnmobilisten, denn hier sind Allradantrieb und viel Platz gefragt. So ist der eigentliche Held unter den Allrad-LT nicht so sehr die bis heute spektakulär auftretende Doppelkabine mit Pritsche, sondern der Hochkasten.

■ Der LT mit Allradantrieb ergänzt ab 1985 die Modellpalette. Für die nötige Bodenfreiheit der Modelle LT 40 und LT 45 mit dem Zusatz 4x4 sorgen auch die 17,5-Zoll-Räder.

## DIE KONKURRENZ

Es ist immer hochspannend, wenn ein Hersteller ein völlig neues Modell in einem Fahrzeugsegment erstmals positioniert. Volkswagen kommt mit seinem „Lastentransporter" LT in der Klasse bis 4,5 Tonnen Gesamtgewicht mitten in eine Umbruchsituation des deutschen und europäischen Transportmarktes. Ein Wettbewerber – Fiat mit dem Typ 242 – tritt ebenfalls mit einem völlig neuen Fahrzeugkonzept an, einer dominiert als Konstante den Markt – Ford bietet seinen größeren Transit an – und einer hat derzeit den technologischen Anschluss verpasst – Mercedes-Benz mit dem noch von der Firma Tempo stammenden Typ L 206. Dazu gibt es noch zwei interessante Außenseiter wie den

**■ Zu Beginn seiner Laufbahn trifft der grundlegend neue LT auf den prinzipiell 20 Jahre alten Tempo Matador, den Mercedes als 206/207 anbietet.**

**■ Ständiger Wettbewerber von Volkswagen, auch beim LT, sind die Transporter aus dem Hause Ford: Transit-Modelle von 1977, rechts die Dieselausführung.**

Peugeot J 7 und den Bedford Blitz in der größeren Ausführung. In Frankreich gibt es außerdem die im selben Fiat-Werk gefertigte Citroën-Version des 242. Abgesehen davon erschweren strukturelle Veränderungen in der Industrie die Gesamtlage. Gerade hat sich der Großkonzern Iveco (Industrial Vehicles Corporation) gegründet: Die Lkw-Marken Fiat, Lancia, OM, Magirus-Deutz und Unic firmieren unter einem Dach unter der Leitung von Fiat. Für den europäischen Transportermarkt hat dies eine Stärkung der Marke Fiat zur Folge.

Hauptkonkurrent des neuen Volkswagens ist aber Ford. Schon 1965 hatten die britische und deutsche Dependance des US-Konzerns das Transportergeschäft einheitlich auf eine breitere Basis gestellt. Der Transit ist als Transporter in der Nutzlastklasse von einer Tonne und in der größeren Kategorie bis 1,75 Tonnen (Gesamtgewicht 3250 kg) erschienen, jeweils als Kleinbus, Kastenwagen und Fahrgestell, konzipiert für eine im Wortsinn vielfältige Nutzung. Die größere Baureihe – bei Ford im Jahre 1975 die Typen FT 125, FT 130, FT 150 und FT 175 – deckt bei VW nun der LT ab. Dass die Bedford-Modelle ein ganz ähnlich aufgebautes Programm boten, hatte praktisch nur für den britischen Markt Bedeutung, auf dem Kontinent blieben sie Außenseiter. Das gilt mit Bezug auf Frankreich auch für den Peugeot J 7, einen sehr geräumigen Kastenwagen. Hier fehlte allerdings die Vielfalt der Aufbauvarianten, es gibt ihn nur als vom selbsttragenden Aufbau des Kastenwagens abgeleiteten Pritschenwagen – ein separates Fahrgestell war nicht vorgesehen. Dafür hat es Peugeot früh verstanden, den Kastenwagen in Höhe und Länge zu variieren. Auch der 1974 eingeführte Fiat 242 hat kein separates Fahrgestell. Noch vor der Iveco-Gründung war er zusammen mit Citroën entwickelt worden, als selbsttragender Kastenwagen und einer davon abgeleiteten Pickup genannten Pritschenausführung. Allerdings hat Fiat bei etwas höherer Nutzlast den Typ N 616 im Programm, einen robusten Kurzhauber mit Chassis für Aufbauten.

Eine echte Sonderrolle nimmt zu dieser Zeit Mercedes-Benz ein, allerdings noch nicht als Marktführer in dieser Klasse, sondern beschäftigt mit der Aufbereitung eines nicht ganz einfachen Erbes.

Der Typ 206 stammt noch aus der Entwicklung der Firma Tempo aus dem Jahr 1955, zur Daimler AG gekommen im Rahmen der endgültigen Übernahme von Hanomag (zu der Tempo seit 1966 gehörte) und Henschel im Jahre 1971. Die im Prinzip 20 Jahre alte, enge und unkomfortable Kabine ist fast schon das Markenzeichen, aber dank des Frontantriebs gibt es eine maximale Vielfalt an möglichen Aufbauten. Hinter dem kompletten Antriebsstrang lassen sich Fahrgestelle aller Art bequem anbringen, sogar Tiefpritschen. Bei Bedarf kann sogar für Spezialaufbauten nur der Triebkopf geliefert werden. Frontantrieb bringt auch der Fiat 242 mit, während alle anderen – inklusive Volkswagen – klassisch Frontmotor und Heckantrieb aufweisen. Die übliche Motorisierung in dieser Klasse besteht aus Vierzylinderaggregaten, deren Leistungsabgabe bei den Dieseln zwischen knapp 50 und gut 60 PS liegt; die Benzinvarianten generieren ca. 80 PS. Mehrfach und auch ganz schnell verändert sich die Marktsituation für den LT. Schon 1977 drängt der neue Mercedes 207 bis 308 („Bremer Transporter") auf den Markt, jene eigenständige Entwicklung des Wettbewerbers, an der VW sich ursprünglich gerne beteiligt hätte. 1978 und dann 1985 folgen die nächsten beiden Transit-Generationen mit weit gefächertem Programm. 1987 bringt Mercedes-Benz den MB 100, ein Fronttriebler knapp unterhalb des kleinsten LT. Voll konkurrenzfähig präsentieren sich auch die Transporter aus dem Iveco-Konzern ab 1983: die nahezu baugleichen Fiat Ducato, Peugeot J 5 und Citroën C 35, in von französischen Herstellern dominierten Märkten spielt auch der Renault Master eine gute Rolle. In diesem Umfeld hat es die rund zwei Jahrzehnte lang gebaute und zwei- bis dreimal erneuerte Baureihe von Volkswagen nicht leicht, schlägt sich mit einer durchschnittlichen Jahresproduktion von 20.000 Einheiten aber durchaus respektabel.

## STÄRKEN UND SCHWÄCHEN

Die Schwächen eines neuen Modells fallen in den ersten Monaten nach Marktstart naturgemäß noch nicht auf. Was neu ist glänzt, der Hersteller stellt die Fortschritte und Vorzüge heraus und für schlechte Erfahrungen der Kundschaft ist die Zeit noch nicht reif. Da ist es praktisch, einen Blick in vertrauliche Dokumente der Konkurrenz zu werfen. Solche gab es natürlich in allen Häusern. Daimler-Benz hat sowohl im Pkw- als auch im Nutzfahrzeugbereich zu jener Zeit stets auch eine gedruckte und bebilderte Beurteilung in Umlauf gebracht, als Beitrag der Hauszeitschrift *Scheinwerfer*. Adressaten waren die Verkaufsorganisationen, sie sollten beim Kunden mit den passenden Argumenten den Fortschritt der Wettbewerber kontern.

Im Premierenjahr des LT ist der Stern noch auf den Typ 206D/207 angewiesen, jenen einst von Tempo und Hanomag-Henschel übernommenen Transporter, der seine beste Zeit längst hinter sich hat. Dennoch finden die Texter der Argumentationshilfe Punkte, die den nagelneuen LT in ihren Augen alt aussehen lassen. So die Variantenvielfalt, auch objektiv ein Plus des Fahrgestells mit Frontantrieb. Nur vier verschiedene Fahrgestelle (Pritsche, Chassis ohne Aufbau und Kastenwagen bei zwei Radständen für den LT 35) und einen Kastenwagen, so haben sie errechnet, stünden 42 Versionen bei Mercedes-Benz gegenüber. Praktisch, dass es beim LT die Doppelkabine noch nicht gibt. Und tatsächlich, mit einer Dreifachkabine wie der 206D/207 konnte VW nie glänzen. Der leichte Wechsel vom Fahrer- auf den Beifahrerplatz (und im Kastenwagen auch der Durchstieg vom Beifahrerplatz nach hinten) wird betont und auf den hoch in den Innenraum ragenden Motor des LT verwiesen. Und falls ein Interessent damit kommt, dass er mit einem Fahrkomfort wie im legendären VW-Transporter rechne, gleich der Hinweis: „Die Gesamtausstattung wirkt, gelinde gesagt, sparsam. Der Handbremshebel, links neben dem Sitz am Einstieg, kann stören, wenn die Bremse angezogen ist." Gerne zitiert man Presseberichte, die die schlechte Dämmung des Dieselmotors im LT bemängeln. Man muss es den Kritikern der Konkurrenz lassen, dass sie keine falschen Argumente liefern. Anderes lassen sie lieber weg, zum Beispiel das Volumen des LT-Kastenwagens, die Grundfläche der Pritschen, das frische Design des Neulings oder den Platz in der Kabine, vor allem in der Breite. Dafür: „Insgesamt wirkt unser Fahrerhaus stilistisch gefälliger. Auch die Sichtverhältnisse sind gewiss nicht schlechter." Im Punkt Anschaffungsinvestition nehmen sich die beiden Baureihen gar nichts, die Preise sind fast auf die Mark gleich und bewegen sich um 16.000 DM.

Auch umgekehrt wird ein Schuh draus: Bei Volkswagen haben Marketing- und Verkaufsexperten ebenfalls Fakten gesammelt und in einem Konkurrenzvergleich zusammengefasst. „Die neuen VW LT und ihre Märkte" ist eine Broschüre überschrieben, die sich an die Verkaufsorganisation richtet. Das ist umso wichtiger, als die VW-Verkäufer ja bisher allein damit ausgelastet waren, den am Markt gut gelittenen T2 zu verbreiten. Nun also ein neues, modernes Fahrzeug in neuem Umfeld. Höhere Nutzlast, größere Ladefläche, mehr Raum und der Dieselmotor, das sind die Argumente für VW-Kunden, die bislang auf der Suche nach einem größeren Fahrzeug zum Mercedes L 206/L 207, zum Ford Transit FT 125 – 175 oder gar zum wesentlich größeren Mercedes L 407/L 409 gegriffen haben. Auch der da noch ganz frische Fiat 242 ist aufgenommen, ein Zeichen dafür, dass man den Wettbewerber aus Italien ernst nimmt. Was der VW-Verkäufer noch lernen muss: Das Marktvolumen der Nutzlastklasse von einer bis zwei Tonnen ist klein, der Fahrzeugbestand aber groß – die Autos werden also lange gefahren und verschleißen nicht so schnell wie der T2. Das belegen auch die Bestandszahlen, wie sie in der Argumentationshilfe zum Stichtag 1. Juli 1974 veröffentlicht wurden:

| | |
|---|---|
| VW Typ 2 | 605.734 |
| Mercedes 206/207 | 23.538 |
| Ford Transit bis FT 125 | 111.052 |
| Ford Transit bis FT 175 | 85.378 |
| Mercedes 407/409 | 85.378 |

## IM VERGLEICH

Nicht mehr leicht hat es der LT zu Beginn des letzten Drittels seiner langen Laufbahn. Die Zeitschrift *lastauto omnibus* kommt jedenfalls zu einem durchwachsenen Ergebnis in einem Vergleichstest des LT 28 mit dem Ford Transit FT 130 und dem Mercedes 210D (Heft 10/1990). Ausgewählt sind die Kombiausführungen bis 2,8 Tonnen ohne Sitze, also Kastenwagen mit Seitenfenstern. Sie füllen eine Lücke im Gesetz, weil sie als Pkw gelten (allerdings daher höher besteuert werden als Nutzfahrzeuge), aber von Fahrbeschränkungen am Wochenende ausgenommen sind, trotz Anhängerbetrieb. Das macht sie interessant für Kurierdienste, die sich zu jener Zeit gerade anschicken, ihren großen, bis heute anhaltenden Boom zu starten.

In allen drei zentralen Beurteilungen bleibt der VW nur Dritter, bei „Fahrleistung und Verbrauch", „Fahrkomfort und Bedienung und „Kosten und Wirtschaftlichkeit". Dabei hätte der Sechszylinder-Turbodiesel eigentlich alle Voraussetzungen, die Antriebswertung gegenüber den etwas schwächeren Vierzylindern der Konkurrenz zu gewinnen. Er fährt sich aber, so der erfahrene Lkw-Tester Frank Zeitzen, wie ein Saugmotor, fordert hohe Drehzahlen, um die Leistung abzurufen und verbraucht viel (16,2 Liter auf 100 Kilometer, 2,5 Liter beziehungsweise 2,3 Liter mehr als Mercedes und Ford). In Komfortfragen fällt die Geräuschentwicklung negativ auf, was natürlich wiederum mit dem Drehzahlverhalten des Motors, aber auch mit seiner Einbaulage zu tun hat. Auch der bekannt komplizierte Einstieg spielt eine Rolle („Über einen Einstieg im wörtlichen Sinne verfügt nur der VW"). Schließlich die Kosten. Der Verbrauch treibt sie höher als bei Ford und Mercedes, dazu kommen nach den Recherchen der Zeitschrift deutlich höhere Wartungskosten. Zwischen vier und neun Pfennigen pro Kilometer läuft der LT teurer. Sein Kaufpreis von 43.180 DM entspricht dem des Mercedes (41.810 DM), der Ford kommt mit 35.270 DM wesentlich günstiger. Nicht zuletzt deshalb gewinnt dieser die Gesamtwertung, und der VW bleibt Dritter. In einem Punkt aber übertrumpft der LT die anderen: Das Volumen des Kastenaufbaus ist Spitze. Zum Trost: Keiner der drei Testkandidaten entpuppt sich als Überflieger, denn die Schlagzeile lautet: „Nobody is perfect".

Also ran an die Konkurrenz und deren Kundschaft, und die besteht fast nur aus Gewerbetreibenden und anderen Firmen. Wie macht man das? Jedenfalls nicht, indem man im Verkaufsraum auf Interessenten wartet wie es beim T2 offenbar funktioniert. Deshalb ganz klar die Lektion für die Verkäufer: „Firmen machen keinen Einkaufsbummel und auch keine Spontankäufe. Daraus folgt, daß Sie Ihre LT-Interessenten nicht im Laden abwarten können. Sie müssen Sie sich suchen, müssen Informationen sammeln, sich vorbereiten und aktiv werden." Der gute Rat, aktiv zu werden, wird näher erläutert: „Die von Ihnen besuchten Firmen erwarten nämlich gut informierte, kompetente Gesprächspartner, die in der Lage sind, sich in ihre Probleme hineinzudenken. Von Ihnen wird erwartet, daß Sie praktikable und wirtschaftlich vernünftige Lösungen anbieten; auch wenn dabei nicht gleich ein Kaufvertrag unterschrieben wird." Erstaunlich, was man den Verkäufer alles nicht zutraut: „Bei Kundenbesuchen sollte der LT unbedingt dabei sein." Es musste offenbar gesagt werden ...

Und irgendwann kommt das Verkaufsgespräch dann auch auf die Konkurrenz. Alle Wettbewerber sind in der Broschüre kurz charakterisiert, nicht ohne Selbstbewusstsein. Zum Mercedes L 206 D/L 207 heißt es: „In Details weiterentwickelter Hanomag." Weiter unten: „Veraltet und unpraktisch." Aber: „Großes Sonderaufbauten-Angebot." Der Ford Transit sei ein typischer Lkw vergangener Zeiten – hart und spartanisch, nüchterne und unwohnliche Ausstattung, wenn auch mit großem Sonderaufbauten-Angebot. Zum Mercedes L 407/L 409: „ ... von vielen Kunden gekauft nur weil es der kleinste „echte" Mercedes ist, obwohl er für den Bedarf vieler Firmen zu groß ist. Großes Sonderaufbauten-Angebot." Bleibt noch der Fiat, in Deutschland noch gar nicht eingeführt und wie alle anderen Modelle als Kastenwagen vorgestellt. „Frontantrieb ermöglicht niedrige Ladehöhe. In Vorbereitung sind andere Aufbauvarianten, die trotzdem begrenzte Möglichkeiten durch selbsttragende Karosserie bieten." Für ihren LT führen die Verfasser der Broschüre eine hohe aktive und passive Sicherheit ins Feld und das nach neuesten arbeitswissenschaftlichen Gesichtspunkten entwickelte Fahrerhaus. Das habe Pkw-Charakter, wohnlich und praktisch ausgestattet. Und das große Sonderaufbauten-Angebot sei in Vorbereitung.

■ Konkurrenzprodukt: In diesem Heft der Daimler-Verkaufsabteilung ist der neue VW LT samt Gegenargumentation beschrieben.

■ Und hier das Gegenstück aus dem Hause Volkswagen: Beide Broschüren sind heute seltene Zeitdokumente.

2

EINE KABINE MACHT KARRIERE

# LT IN ALLER WELT

DELIVERY
DEL-1016

Wie ein entfernter Verwandter im vertrauten Familienkreis präsentiert sich der Volkswagen L 80 auf der IAA 1994 und wird bei vielen Besuchern beim Anblick der Neuheit auf dem VW-Stand ein Gefühl von Vertrautheit geweckt haben. Der neue L 80 trägt nämlich ein altbekanntes Gesicht, das der kurz zuvor eingestellten G-Reihe. Und diese, von 1979 bis 1994 angebotene Gemeinschaftsbaureihe von VW und MAN, hatte nichts anders getragen als die Kabine des LT.

Dass dieser neue Volkswagen L 80 nicht eher an den Start geht, liegt im gerade ausgelaufenen vertraglichen Verhältnis mit MAN, bezüglich der durchaus erfolgreichen Gemeinschaftsbaureihe beider Hersteller. Wenn auch entgegen der ursprünglichen Planungen MAN der alleinige Hersteller in der Endmontage des breit aufgefächerten Lkw-Programms von 7,5 bis 10 Tonnen Gesamtgewicht gewesen ist, so war VW doch als Lieferant von ganz wesentlichen Komponenten voll in das Programm eingebunden: Das Fahrerhaus und die komplette Innenausstattung einschließlich Lenkrad und Befestigung und der Pedalerie, Getriebe und Kupplung, Hinterachse mit Hinterachsgetriebe und Kardanwelle sowie die komplette Elektrik stammen aus Hannover. Motoren, Ansaug-, Auspuff- und Kraftstoffanlage, Vorderachse, der komplette Rahmen mit Federung und Achsenaufhängung, die Bremsen sowie Räder mit Bereifung sind MAN-Part.

Die G-Reihe hat es anfangs schwer, die Stückzahlen wachsen nur langsam, so dass schon bald die anteilig angedachte Produktion zugunsten von MAN aufgegeben wird. Gesamtgewichte von sechs bis 10 Tonnen bilden im Laufe der 15-jährigen Bauzeit ein ansehnliches Programm. Die LT-Kabine ziert auch spektakuläre Allrad-Lkw und Sattelzugmaschinen. MAN hat sich aber nun, beginnend mit dem Jahr 1994, für eine komplett eigene Baureihe entschieden, die passende Kabine für den L 2000 hat sich beim konzerneigenen Lieferanten Steyr gefunden. Eine interessante Randnotiz ergibt sich an dieser Stelle mit einem kurzen Blick auf das Jahr 2016: 22 Jahre nach dem Ende der G-Reihe finden Volkswagen Nutzfahrzeuge und MAN unter dem Dach des VW-Konzerns wieder zusammen, den neuen VW Crafter gibt es auch als MAN TGE.

1994 also setzt VW auf den neuen 7,5-Tonner L 80. Er kommt aus Brasilien, er kommt spät und hat kei-

■ **Programmerweiterung nach oben: Der Volkswagen L 80 mit altbekannter Kabine komplettiert ab 1994 das Programm.**

■ VW-Kabine auf MAN-Fahrgestell: Die G-Reihe bewährte sich unter MAN-Flagge und blieb ab 1979 für 15 Jahre im Programm.

■ Das hat der L 80 dem LT voraus: Die Kabine ist kippbar.

■ Armaturentafel und die Sitze in der Kabine des L 80 ähneln sehr denen des LT.

■ Die robuste Bauweise des in Brasilien gefertigten Fahrgestells spricht für lange Haltbarkeit.

ne Chance auf dem Markt in Europa. VW gibt den Versuch mit einem eigenen 7,5-Tonner fünf Jahre später schon wieder auf. Das LT-Fahrerhaus ist wirklich die einzige Parallele des L 80 zum LT und zur G-Reihe.

Liest sich der Anteil von VW an Entwicklung und Fertigung bei der G-Reihe sehr respektabel, so lässt sich dergleichen für den L 80 nicht berichten. Die Kabine immerhin ist von Volkswagen, alles andere dazugekauft – ein Komponenten-Lkw eben wie er in Südamerika üblich ist. Für VW in Europa hat der Baukasten diese Steine: Der Motor kommt aus brasilianischer Produktion der Mannheimer Motorenwerken (MWM), ein Direkteinspritzer mit Abgasturbolader und Ladeluftkühlung. Er generiert 140 PS (103 kW) und erfüllt die damals aktuelle Abgasnorm Euro I. Das Getriebe stammt von Clark, die Starrachsen von Rockwell, Wabco steuert die Bremsanlage bei – rundum Trommelbremsen, was auf dem anspruchsvollen deutschen Markt Anlass zur Kritik gibt. Das Fahrgestell in Form eines robusten, durchgehenden Leiterrahmens ist der Beitrag von Volkswagen do Brasil. Zunächst sind zwei Radstände – 3300 und 3900 mm – lieferbar, ab 1996 auch 4300 mm. Beim 7,5-Tonner wird so eine Nutzlast von 4,3 Tonnen ermöglicht, womit der L 80 gut dasteht. Der bei der Einführung angekündigte Zehntonner kommt nicht auf den deutschen Markt.

Das LT-Fahrerhaus wirkt auf dem L 80 größer als in seiner Ursprungsbaureihe, ist es für sich genommen aber nicht. Allerdings kommen in der Breite 50 Millimeter hinzu, optisch aufgefangen mit den Abdeckungen der Radhäuser. Außerdem sitzt das Fahrerhaus beim L 80 um 269 mm höher als beim LT. 115 mm davon liegen im stärker ausgeführten Fahrgestell, die restlichen 154 mm in der Lagerung des hier kippbaren Fahrerhauses. Ein gegenüber dem LT etwas kräftiger ausgeführter Stoßfänger, eine Eintrittstufe und das einfacher gehaltene Frontmittelteil sind weitere Unterschiede. Und eben die Kippbarkeit der Kabine – das Problem mit der erschwerten Zugänglichkeit des Motors wie beim LT gibt es hier nicht. Lkw-Standard an Übersichtlichkeit und Komfort, nicht mehr und nicht weniger, verkörpert die Innenausstattung. Alternativ zu dem mechanisch gefederten Fahrersitz bringt VW schon bald eine luftgefederte Ausführung. In diesem Punkt darf man auf keinen Fall hinter der Konkurrenz zurückstehen. Zwischen den klappbaren Beifahrersitzen und der Kabinenrückwand bleibt ein Stauraum.

■ Relativ häufig findet der L 80 in Deutschland als Abschleppwagen Verwendung – VW-Händler bekamen ihn besonders günstig. Hier ein Foto aus dem Jahre 2003.

Volkswagen setzt seine Hoffnung auf „Aufsteiger" unter den LT-Nutzern und betont deshalb gern die Vertrautheit von Kabine und Innenausstattung. Dazu passt, dass der L 80 vorrangig für den Verteilerverkehr gedacht ist. Auch setzt man auf variantenreiche Kombinationsmöglichkeiten mit verschiedenen Aufbauten und spricht so Interessenten aus dem Handwerk, dem Garten- und Landschaftsbau, Getränkehandel und der Berge- und Abschleppbranche an. Nicht zuletzt bei den VW-Händlern kommen so gerne Abschleppwagen oberhalb des LT 55 aus dem eigenen Hause zum Einsatz. Hier findet der L 80 tatsächlich eine gewisse Verbreitung, alle anderen Segmente bleiben Enttäuschungen für die Produktplaner. Wie für Lkw üblich, baut der Service ein – allerdings weitmaschiges – Netz von Betrieben auf, die für den Notfall einen 24-Stunden-Service anbieten.

VW bekommt den L 80 aus Brasilien nur als Fahrgestell mit Fahrerhaus angeliefert. Sämtliche Aufbauten überlässt man den spezialisierten Anbietern. Das Ende des L 80 fällt zusammen mit dem Einstieg von VW bei Scania, ein Prozess, der 2015 im Nutzfahrzeugkonzern mit VW, Scania und MAN enden wird – Volkswagen muss keine Modelle mehr oberhalb des LT oder seiner Nachfolger anbieten.

## VW IN BRASILIEN

Bei Volkswagen do Brasil wird man die wenig positiven Nachrichten von der Resonanz des L 80 in Europa vielleicht gar nicht verstanden haben. In Brasilien ist die gesamte Baureihe nämlich ein Erfolg. In der Gewichtsklasse bis 13 Tonnen wird das LT-Fahrerhaus verwendet, auch schon in der frühen Variante mit runden Scheinwerfern. Bei der größten Ausführung liegen Doppelscheinwerfer in den robusten Stoßfängern. Gedacht sind die Modelle außer für Südamerika für den Vorderen Orient und für China, das ja in den 1980er Jahren noch ein automobiles Entwicklungsland darstellt.

Volkswagen-Lkw aus brasilianischer Fertigung gibt es seit 1979, als VW vor Ort eine Fabrik von Chrysler übernimmt. Acht Tonnen, neun Tonnen, elf und 13 Tonnen Gesamtgewicht mit Motoren in Leistungsstufen von 80, 90 und 130 PS bilden die Modellpalette, von Anfang so zusammengestellt wie der spätere L 80. Tatsächlich ist die gute alte LT-Kabine heute noch aktuell. Die kleineren und mittleren aus Brasilien stammende Delivery und Worker tragen sie immer noch, nur dezent aufgefrischt. Über 40 Jahre nach ihrer Premiere macht sich die Kabine gar nicht schlecht: Die Scheinwerfer sind immer noch rund, beim Delivery aber eingefasst in eine dynamisch wirkende Kunststoffeinlage. Die Frontscheibe wirkt durch die schwarz gefasste Absetzung nach unten größer als sie eigentlich ist. Fünf Typen mit zwei Motoren und maximal 13 Tonnen Gesamtgewicht stehen zur Verfügung; beim Worker reicht das Angebot bis zum dreiachsigen 23-Tonner. Darüber hat VW in Brasilien die Baureihe Constellation gestellt, einen imposanten Komponenten-Lkw der schweren Baureihe. Gelegentlich schafft es ein Exemplar auch schon einmal nach Deutschland, wenn der Konzern auf Messen seine Weltläufigkeit betonen will. Mit dem Delivery ist das allerdings noch nicht passiert. Aktuell heißt der Hersteller nicht mehr Volkswagen do Brasil, sondern MAN Latin America. Beide Konzernmarken sind hier unter dem Dach von MAN zusammen geführt.

■ Links: Die LT-Kabine im Glanz eines aktuellen Neuwagens: Der Delivery ist speziell für den brasilianischen Markt attraktiv.

■ Rechts: Auf bis zu 13 Tonnen Gesamtgewicht brachten es die Fahrzeuge der brasilianischen Flotte in den 1980er Jahren. Sie wurden sogar bis nach China exportiert.

■ Unten: Es geht auch dreiachsig: Brasilianischer Delivery mit maximalem Kastenaufbau.

3

EXKLUSIVITÄT FÜR REISE UND TRANSFER

# DER LT ALS BUS

Schmutzler

Der Omnibus spielt eine bedeutende Rolle in der Typengeschichte des LT. Allerdings ist es in der Regel nicht das Werk selbst, das die Busse anbietet, in vielen Fällen haben mittelständische Karosseriebauer ihre Ideen auf dem LT-Fahrgestellt umgesetzt. Sie erhalten das Fahrgestell mit Windlauf – der Radstand beträgt anfangs 2950 mm – und können hinter dem Bereich des Fahrplatzes ihre Ideen für die Anforderungen ihrer Kundschaft verwirklichen. Frontscheibe und die Sitze von Fahrer und Beifahrer gehören zum Lieferumfang des voll fahrfähigen Chassis. Volkswagen hat zum Start nur einen schlicht als Kraftomnibus bezeichneten LT 31 und LT 31 D zu bieten. Es ist ein Kombi mit kompletter Bestuhlung einschließlich einer dritten Sitzbank. Der sehr einfache Bus kann bis zu zwölf Fahrgäste mitnehmen und wird als Schulbus oder für den Transport kleiner Gruppen eingesetzt. Es bleibt bei der serienmäßigen Schiebetür und den Heckflügeltüren. Später erhalten diese bewusst einfach gehaltenen Kleinbusse die Namen „Braunschweig", „Hannover" und „Wolfsburg". Auf einem ganz frühen Pressefoto ist ein Hochdachkombi mit kleinen Fenstern im Dachaufbau und einer bustauglichen, schmalen Schiebetür zu sehen. Ein solcher „VW Citybus" taucht allerdings später nicht mehr auf.

■ **Die einfachste Form eines Busses: Kombi mit Fenstern rundum, Hochdach und variabler Sitzplatzzahl bis zu maximal neun Passagieren. Diesen Werksbus gab es mit den Radständen 2500 mm und 2950 mm.**

Wohl um die Vielfalt der Nutzung zu demonstrieren, führt VW im Gesamtprogramm aber früh einen anderen Citybus auf, ohne allerdings den Hersteller des Aufbaus zu nennen: Es ist Ernst Auwärter, beheimatet in Steinenbronn bei Stuttgart. Außer beim Einfachbus sind die Stückzahlen immer gering geblieben, pro Karosseriebauer wohl nicht mehr zwei Dutzend im Jahr. Aber dem Image der Baureihe haben die zum Teil aufwändigen Busaufbauten geholfen.

■ **Die Idee des City-Busses mit VW-Hausmitteln umgesetzt: Hochdach, hoch reichende Schiebetür und Fenster im Dachaufsatz.**

## ERNST AUWÄRTER

Schon Mitte der 1970er Jahre, als der Volkswagen LT die Bühne betritt, sind unter den Omnibusbauern die reinen Aufbautenhersteller die Ausnahme – ein Relikt aus Zeiten, in denen Busse immer ein separates Fahrgestell und einen darauf montierten Aufbau hatten. Mit dem Aufkommen der selbsttragenden Busse und ihrem auch den Boden umfassenden Gerippe – die Setra-Busse von Kässbohrer schafften in Europa den Durchbruch – werden reine Busfahrgestelle zumindest in Deutschland selten. Gewichts- und damit Verbrauchsvorteile und eine flexible Anpassung bei Bodenhöhe und der Platzierung der Aggregate setzen sich auf anspruchsvollen Märkten durch. Bei Kleinbussen tritt diese Entwicklung verzögert ein. Überhaupt stehen kleine Busse oberhalb der vom Transporter abgeleiteten Neunsitzer noch im Frühstadium ihrer Entwicklung. Für Ernst Auwärter (EA) in Steinenbronn bei Stuttgart kommt daher der neuen VW LT mit seinem Fahrgestell gerade recht. Bis dahin hat sich die Firma mit etwas größeren Kleinbussen auf Basis des Mercedes-Benz O 309 schon einen Namen gemacht. Die kleine Firma mit dem Ruf, hervorragende Qualität zu produzieren, erkennt sofort das Potenzial des LT. Er füllt die Lücke zwischen dem VW-Bus mit acht Fahrgastplätzen und dem Mercedes-Benz mit 17 bis 20 Sitzen. Noch 1975 erscheint der Minibus Panorama für den Reiseverkehr auf dem Chassis des LT 35, sowohl mit Benzin- als auch mit Dieselmotor. Wie alle Busse von Ernst Auwärter fällt auch der LT durch besonders großzügige Verglasung auf. In der Seitenansicht genügen auf der Fahrerseite zwei sehr breite Scheiben, auf der Einstiegseite sind es dank der Tür drei. Die große Frontscheibe ist vor der A-Säule leicht herumgezogen und oben mit einem markanten Dachabschluss versehen. Am unteren Abschluss reicht sie etwas unter die Fensterlinie. Auch die Heckscheibe ist von imposanter Größe. So ist bei Ernst Auwärter in kurzer Zeit ein stattlicher Kleinbus entstanden, der allerdings aufgrund des kurzen Radstands des LT und der Höhe des Aufbaus von EA in den Gesamtproportionen nicht ganz stimmig auftritt. Das Fahrgestell ist für die Fahrgastsitze maximal ausgenutzt, sodass für das Gepäck der maximal 14 Reisenden der Platz schnell knapp wird.

■ Der City-Bus von Ernst Auwärter – hier in einem offiziellen Prospekt von Volkswagen als Skizze.

■ Der Reisebus Panorama von Ernst Auwärter auf LT 50-Basis – sowohl bei Proportionen als auch Bestuhlung zahlt sich die Breite des LT aus.

■ Der Panorama in der Stufe II, jetzt mit Rechteckscheinwerfern. Im Heck ist sogar Platz für einen Kofferraum.

Der LT hat als Kleinster der EA-Busse schon früh einen festen Platz im Programm. Seine Sonderstellung auf dem Markt bringt es mit sich, dass er zweimal für besondere Entwicklungen herangezogen wird. Als 1977 das Bundesministerium für Forschung und Technologie Verkehrssysteme der Zukunft erprobt, sind im niedersächsischen Wunstorf 13 LT-Exemplare mit Elektroantrieb und Auwärter-Aufbauten dabei, jetzt als Stadtbus ausgelegt. Elektromotoren und Batterien sind im Heck untergebracht. In der Serie mit konventionellem Antrieb heißt er Citybus, kann 26 Fahrgäste bei acht Sitzplätzen aufnehmen. Als Grundkonstruktion dient hier der LT 45. Und 1979 nimmt die Firma den LT als Basis für eine behindertengerechte Ausstattung, wobei die Spezialisten von Auwärter auf diesem Gebiet bereits Erfahrungen beim Umbau von größeren Bussen gesammelt hatten. Zentraler Bestandteil ist die zweite Tür im hinteren Bereich sowie eine Hebebühne mit Rollstuhlverankerungen. Die Busse sind kombiniert einsetzbar, den Raum der Rollstuhlplätze kann auch die übliche Bestuhlung einnehmen.

Allerdings bekommt die Volkswagen AG ab 1977 im Kleinen zu spüren, was sie auch auf dem „großen" Transportermarkt stark betrifft: Der neue Konkurrent aus dem Hause Mercedes-Benz in Gestalt der Baureihe D 207 bis 410 D beansprucht bei EA zeitnah nach Erscheinen die Rolle als Alternativlösung zum LT 35, ebenfalls mit 14 Sitzplätzen versehen. Beide heißen Panorama, beide sind neben den Dieselvarianten auch mit Vergasermotor lieferbar. Preislich ist der Unterschied nicht unerheblich: Der LT Panorama mit Dieselmotor steht im Jahr 1977 für 66.600 DM bei den VW-Händlern; der Mercedes 207 D wird mit 60.000 DM in den Preislisten geführt. Benzinversionen sind bei VW um 1280 DM und bei Mercedes um 2800 DM billiger.

Vor diesem Hintergrund hilft der 1983 von Volkswagen eingeführte dritte Radstand natürlich enorm. EA greift sofort zu und baut seinen neuen LT-Panorama auf dem Chassis des LT 50 mit 3560 mm Radstand. Nun hat auch der VW 19 Fahrgastplätze einschließlich des Sitzes neben dem Fahrer. Ein Minibus ist er damit zwar immer noch, aber jetzt doch an der oberen Grenze und ganz klar auf Augenhöhe mit dem nächst größeren Mercedes. Der lange Radstand und der hintere Überhang von 2200 mm schaffen nicht nur Platz, sie verhelfen dem Bus auch zu einem stattlichen und eleganten Auftritt. Noch stärker als beim ersten Panorama und jetzt durch und durch stimmig lebt das Design von den großen Fensterflächen. Die Fensterlinie fällt in Höhe des Fahrerplatzes in einem Knick nach unten, das bringt Dynamik ins Bild. Dieser Effekt lässt sich durch geschickte Lackierung noch verstärken. Und natürlich erwähnenswert ist die markante Frontscheibe, das Markenzeichen bei EA schon in Zeiten, als dies bei anderen Busherstellern noch nicht üblich war: Im Panorama-VW ist sie zwar jetzt plan und somit etwas einfacher ausgeführt, aber weit oben und gefühlvoll mit dem Dach verbunden. Die im oberen Teil leicht nach vorn geneigte C-Säule ist nach der Frontscheibe das zweite Markenzeichen aller EA-Busse; dieses Designmerkmal steht auch dem LT. Positiv auf das Erscheinungsbild wirkt sich auch aus, dass sich der Bus nach vorn etwas verjüngt – der Windlauf von VW ist geringfügig schmaler als der Busaufbau.

Mit dem LT 50 Panorama ist der größte VW-Bus auf dem europäischen Markt entstanden. Radstand und Überhang erlauben nun auch einen sinnvoll großen Kofferraum. Zusammen mit den Unterflurflächen entstanden so 2,5 $m^3$ Stauraum. Die Bauhöhe von 2750 mm erlaubt eine Durchgangshöhe von 1900 mm, ein sehr komfortables Maß für einen Kleinbus. Der Mittelgang liegt etwas tiefer als die Sitzhalterungen. Die relativ kleinen Räder des LT ergeben einen von Radhäusern nicht beeinträchtigten Boden, allerdings ist vor der Hinterachse eine Stufe unvermeidlich. Zeitgemäßer Komfort meint in den 1980er Jahren noch nicht die Klimaanlage, wohl aber eine leistungsstarke Düsenbelüftung. Ein zweistufiges Gebläse verteilt die angesaugte Luft, zwei Dachlüfter sorgen für Be- und Entlüftung. Die serienmäßige LT-Heizung reicht für den Bus natürlich nicht, deshalb ist unter dem Boden im Heck ein Wärmetauscher platziert, auf Wunsch gibt es noch eine Heizung für den Fußraum der Passagiere und einen Kühlschrank. Beides kann ganz hinten im Fahrzeug Platz finden, allerdings nur bei gleichzeitigem Verlust von den vier Sitzplätzen der letzten Reihe. So ausgestattet erreicht der LT von Ernst Auwärter statt des Listenpreises von 116.000 DM (1984) locker mehr als 140.000 DM. Der LT Panorama – an der Spitze steht die Ausführung de luxe – soll Komfort und Raumgefühl eines großen Reisebusses bieten. Und das scheint gelungen. Randolf Unruh, Busredakteur bei der Fachzeitschrift *lastauto omnibus*, stellt als Testfazit fest: „Insgesamt hinterließ der Panorama de Luxe einen guten Eindruck. Kein Fahrzeug dieser Klasse kommt in puncto Fahrgastkomfort einem Reisebus so nahe wie er. Der Panorama ist nicht billig. Aber gut." Lieferbar ist der Bus übrigens auch im jetzt mittleren und beim Bus ursprünglichen Radstand von 2950 mm bei 16 Fahrgastplätzen.

Der 1983 eingeführte Sechszylinder-Turbo ist erste Wahl für den Bus, der ja trotz allen Bemühens um eine gute Aerodynamik doch hoch im Wind steht.

■ Mit dem LT in die Ferne schweifen: Fantasievolle Beklebung eines Panorama-Busses.

Fünf Tonnen mit 2750 mm Höhe müssen eben auch durch ungünstiges Wetter möglichst ökonomisch bewegt werden, die 102 PS – beim LT 55 dann 95 PS – werden dringend gebraucht. Das Gesamtgewicht von 5000 kg spielt auch noch anderswo eine Rolle: Das Eigenwicht von 3400 kg lässt eine Nutzlast von 1600 kg zu, das sind bei voller Auslastung 80 kg pro Person. Die sich daraus ergebende spannende Frage lautet: Wie viel Gepäck darf jeder mitbringen? Hier zeigen sich die Grenzen des LT und ein Nachteil gegenüber dem ebenfalls 20-plätzigen EA-Bus Teamstar auf Basis des größeren Mercedes 814 D: Der ist zwar teurer, hat aber ein zulässiges Gesamtgewicht von 7,5 Tonnen und somit keine Probleme mit dem Gepäck.

## SOLIDE HANDARBEIT

Der gute Ruf der Busse von Ernst Auwärter fußt auf der aufwändigen Arbeitsweise. Handarbeit ist im Omnibusbau ohnehin noch weit verbreitet, hier setzen die Qualitätsmaßstäbe an. Auch sonst betreibt der Hersteller großen Aufwand: So sind Radläufe, Radkästen und Kofferklappen aus Aluminium, das Dach ist mit Polyester abgedeckt zum besseren Korrosionsschutz, die Geräuschisolierung ist konsequent und umfassend. Preislich rangieren die Busse von EA seinerzeit allerdings auch vor allen anderen. Viele Interessenten hat das abgeschreckt, einen treuen Kundenkreis aber nicht. Hier machte man die Rechnung mit dem ebenfalls hohen Wiederverkaufswert. Lange konnte die Firma bei einer Jahresproduktion von maximal 220 Busaufbauten – davon mehr als drei Viertel Kleinbusse – ganz gut leben. 2005 sah man sich aber doch mit ernsthaften Finanzproblemen konfrontiert, auf die Insolvenz folgte die Übernahme durch den österreichischen Bushersteller Pucher. Er führte die Produktion zunächst in Steinenbronn weiter, verlegte sie dann aber an seinen Standort Linz. Auch er hatte ebenfalls kein Glück mit den hochwertigen Kleinbussen auf einem sich schnell wandelnden Markt. Nur fünf Jahre nach der Übernahme sollten sich die Werkstore endgültig schließen.

Ebenfalls zum EA-Programm zählt die Linienversion. Den Panorama City gibt es mit zwei einfachen Türen jeweils hinter den Achsen und normal hohem Boden oder mit Niederflurabteil im Heck. Hier ist eine doppelt breite Tür vorgesehen. Zielschilder in der hohen Frontscheibe und im zweiten Seitenfenster auf der rechten Seite unterscheiden ihn vom Reisebus, und natürlich die Bestuhlung. Das Niederflurabteil lässt sich auch für zwei Rollstuhlplätze nutzen. Bis zu 30 Fahrgäste kann der Panorama City aufnehmen.

## KOCH

Ein früher Wettbewerber ist der ebenfalls kleine Bushersteller Koch in Mudersbach an der Sieg. Er verwendet einen LT 45 (Radstand 2950 mm) als Ausgangsbasis für seinen „Brilliant" genannten Reisebus, bekommt also einen Kastenwagen statt des Windlaufs geliefert. Der bleibt bis zur Fensterlinie unverändert einschließlich der Fahrertür – ein Vorzug, den nicht jeder Bus aufweisen kann. Selbst entworfene, große Seitenscheiben und die bis ins Dach reichende Frontscheibe sowie ein Fenster über der Fahrertür sind zusammen mit Dach und Heckabschluss der erhebliche Eigenanteil an dem harmonisch gestalteten Kleinbus. Damit wird das Fahrzeug 50 mm höher als der serienmäßige Großraumkasten und kommt auf 2620 mm. Koch baut bis in die 1990er Jahre in kleiner Stückzahl Busse und geht dann im neuen Werk Dortmund von Mercedes-Benz auf, das werkseitig Kleinbusse anfertigt.

■ „Brilliant" nannte Koch seinen Reise-LT. Als Basis dient der Kastenwagen. Dennoch ist alles oberhalb der Gürtellinie Eigenkonstruktion.

## KOWEX

Einen andern Weg geht die 1984 gegründete Firma Kowex aus Abstatt bei Heilbronn. Ausbau statt Aufbau heißt das Konzept von Gründer Erich Dohmann. Er war vorher bei Drögmöller in Heilbronn als Konstrukteur tätig, einem kleinen Hersteller von hochwertigen, großen Reisebussen, die meist auf Fahrgestellen von Mercedes-Benz aufbauten. Wer sich den VW LT 45 Neckar genau anschaut, erkennt diese Herkunft sofort. Denn Dohmann wendet als stilistisches Mittel den unter Bus-Designern damals sehr bekannten „Drögmöller-Pfeil" an, ein spitzer Zulauf des ersten Seitenfensters. Ansonsten verzichtet Kowex lieber auf Extravaganzen und nimmt deshalb den Hochkasten aus der VW-Serie als Basis. Wenn auch in dieser Hülle viel geändert wird, bleibt es doch ein Ausbau ohne eigenes Gerippe und Beplankung. Die Frontscheibe entspricht der Großserie, ist aber oberhalb eines Stegs – der muss aus Stabilitätsgründen bleiben – bis zum Dach fortgeführt. In die Seitenwände hat Kowex eigene, relativ große Scheiben eingebaut, so dass trotz der weniger aufwändigen Ausbautechnik ein heller, freundlicher Fahrgastraum entstanden ist. Statt der Schiebetür wie beim Kastenwagen gibt es eine einfache Schlagtür. Als Neckar L bringt der Kowex-Bus eine Heckverlängerung mit. Damit hat der Reisewagen 18, in der kürzeren Variante 15 Sitzplätze. Sie kosten rund 90.000 DM beziehungsweise 100.000 DM und sind nach den Preislisten um etwa 16.000 DM billiger als der Panorama von Ernst Auwärter. Und er ist leichter und sparsamer. In einem Test ermittelt *lastauto omnibus* einen Dieselverbrauch von 15,9 Litern gegenüber 18,1 Litern des EA Panorama. Der Gewichtsunterschied bei gleicher Sitzplatzzahl beträgt rund eine Tonne.

Der VW LT ist der erste Bus von Kowex. Der Neuling tritt gleich mit einem Quartett an, neben den beiden komplexeren Ausbauten gibt es auch zwei Busse mit Seitenscheiben und der Frontscheibe aus der Großserie, in der einfachen Bauhöhe und als Hochraumkasten. In späteren Jahren konzentriert sich Kowex ganz auf Aus- und Aufbauten von Mercedes-Kleinbussen. Auch diese Firma hat es auf die Dauer schwer und die Insolvenz im Jahr 2015 ist unvermeidbar. Danach verliert sich die Spur dieses Spezialbetriebs.

## VETTER

Sehr zielstrebig geht die Fahrzeug- und Karosseriefabrik Walter Vetter in Fellbach bei Stuttgart das Thema LT an. Der hoch angesehene Hersteller qualitativ hochwertiger Omnibusbauten und direkter Konkurrent von Ernst Auwärter wartet auch nicht auf eine Kleinbuslösung ab Werk. Basis für den Vetter LT 35 aus dem Jahre 1976 ist der Kastenwagen in der einfachen Höhe, allerdings ähnlich hoch ausgebaut wie der Hochkasten aus der Großserie. Vetter bringt jedoch eine Dacherhöhung eigener Konstruktion an und schafft so den für einen kleinen Reisebus nötigen Raum. Die Möglichkeit, im Vergleich zum Hochkasten Windgeräusche zu minimieren und auch Fensterscheiben im Dachausbau unterzubringen, wird zu dieser aufwändigen Methode geführt haben. Die zwei großen Seitenfester sind ebenfalls von Vetter, Frontscheibe und Beifahrertür stammen aus dem ursprünglichen Kastenwagen. So entsteht auf dem Radstand von 2500 mm ein eleganter Kleinbus mit 14 Sitzplätzen. Außerdem nimmt sich Vetter auch der Idee der Doppelkabine an (siehe Seite 80).

■ **Die Walter Vetter Karosserie- und Fahrzeugbau GmbH, gegründet 1922, zählte in den 1960er Jahren zu den großen Omnibusherstellern in Deutschland. Es kam fast einer Auszeichnung gleich, dass der seinerzeit hoch angesehene Spezialist aus Fellbach sich des LT annahm.**

# IKARUS

Zu den ganz wenigen Kraftfahrzeugherstellern in den sozialistischen Staaten bis 1990, die auf dem Weltmarkt konkurrenzfähig sind, zählt Ikarus aus Ungarn. Ikarus-Busse wurden seinerzeit nicht nur in sehr hoher Stückzahl produziert, schließlich mussten sie im sozialistischen Wirtschaftssystem ja auch nicht verkauft, sondern nur verteilt werden. Sie fanden aber auch immer wieder Abnehmer auf westlichen Märkten, sogar in den USA. Mitte der 1980er Jahre, so berichtet die Ikarus-Chronik Ikarus Rolling legends, tritt Volkswagen an die Ungarn heran mit dem Auftrag, einen robusten und hochwertigen Kleinbus für die osteuropäischen und afrikanischen Märkte zu entwickeln. Ikarus ist dafür die richtige Wahl, denn die Herstellungskosten bewegen sich auf niedrigem Niveau und die Qualität stimmt. So entsteht der Ikarus 521 auf dem Fahrgestell des LT 55. Bei Ikarus (siehe Seite 44) entsteht ein elegantes Fahrzeug, dessen optischer Auftritt von der großen Frontscheibe und den weit nach unten gezogenen Seitenscheiben in Höhe des Fahrerplatzes bestimmt wird. Mit den Seitenscheiben und im Heckbereich wurde hingegen weniger stilistischer Aufwand betrieben. Der Aufbau besteht aus Stahlprofilen in Kombination mit Glasfaser-Polyester-Elementen im Dachbereich und Aluminium-Seitenwänden. Der Reisebus hat Platz für 19 Fahrgäste, die Linienversion für 29 (20 Sitzplätze). Das Projekt erreicht allerdings nicht seine hoch gesteckten Ziele: Gebaut werden zwischen 1987 und 1990 immerhin 36 Busse, die aber nicht nach Afrika kommen, sondern nach Deutschland und Österreich (15) ausgeliefert werden. Ein Importeur sitzt damals im bayerischen Königsbrunn. In Ungarn verbleiben die restlichen 21 Exemplare.

■ **Eine Überraschung stellte 1985 der auf dem LT basierende Busaufbau von Ikarus aus Ungarn dar. Seine Geschichte ist hier wiedergegeben.**

## IKARUS 521: HOCHMOTIVIERTE FEIERABENDPROFIS

Am Ende blieb dieser Bus nur eine Randerscheinung, aber die Hoffnungen auf eine gute Zukunft des Typ 521 von Ikarus auf dem VW-LT-Fahrgestell waren groß, der Einsatz der Ikarus-Leute noch größer. Hier schildert exklusiv der damalige Projektleiter Ernö Bartha diese spannende Phase Mitte der 1980er Jahre, als eine Kooperation zwischen Ost und West noch selten war. Bartha hat sich später als leitender Konstrukteur bei Auwärter Neoplan und als technischer Geschäftsführer beim Nachfolgebetrieb NEOMAN und später bei Viseon einen Namen in der internationalen Omnibusbranche gemacht. Hier erinnert sich der heute 61-jährige Leiter des Konstruktionsbüros Busotec in Landshut:

„Anfang der 1980er Jahre war Ikarus der stückzahlenmäßig größte Bushersteller der Welt. Allerdings basierte dieser Erfolg (teilweise über 13.000 Einheiten pro Jahr) einerseits auf den geschützten und von Planwirtschaft dominierten Märkten des Ostblocks, andererseits auf einem einzigen Bustyp, auf der Ikarus 200-Familie! Beide Tatsachen haben der damaligen Ikarus-Leitung Kopfzerbrechen bereitet. Sie wollten deutlich unabhängiger vom osteuropäischen Markt werden und strebten auch eine größere Modellvielfalt an! Deshalb hatte man immer stärker versucht, Produkte zu entwickeln, die auch auf dem westeuropäischen Markt erfolgreich abgesetzt werden könnten. Die ersten Schritte dazu waren Produkte auf MAN-Fahrgestellen seit Ende der Siebziger, allerdings in sehr kleinen Stückzahlen. Anfang der 80er Jahre hat man dann Kooperationsprojekte mit Scania und Volvo begonnen, insbesondere für die arabische Welt (Iran, Irak, Kuwait).

Man war bei Ikarus also nicht unvorbereitet, als die Anfrage von VW bezüglich eines gemeinsamen Projekts im Midibus-Sektor kam. Meiner Erinnerung nach war das Ende 1985. Ich denke, VW Nutzfahrzeuge suchte preisliche Alternativen zu den Ernst Auwärter-Aufbauten, die zwar in der Bundesrepublik bekannt und erfolgreich, in anderen Ländern jedoch wegen des hohen Prei-

■ Auch eine Stadtbusvariante ist bei Ikarus entstanden. Die Fahrzeuge kamen in Budapest zum Einsatz.

ses kaum absetzbar waren. Insbesondere nicht in Osteuropa, wo VW mehr und mehr mit Pkw Fuß fasste, nicht jedoch mit Nutzfahrzeugen.

Bei diesem Projekt trafen also zwei Partner aufeinander, die beide ein hohes Interesse am Erfolg hatten, und das war eine sehr gute Voraussetzung beim Start! Gleichzeitig jedoch entwickelte Ikarus mit Volldampf die Nachfolgegenerationen 300 und 400, um die 200er Familie abzulösen. Es gab also 1985/86 keine freie Entwicklungskapazität für das VW-Projekt! Man wollte aber das Produkt schnell entwickeln und auf den Markt bringen. Die Lösung war die „Fremdvergabe" der Entwicklung an die Radius GMK. Was ist eine GMK=Gazdasagi Munkaközösseg (frei übersetzt: wirtschaftliche Arbeitsgemeinschaft)? Vereinfacht gesagt eine GmbH „light", in der die Mitarbeiter ihre Tätigkeit im Nebenjob ausübten! Die Radius GMK wurde von drei Ikarus-Mitarbeitern (Ferenc Örsi, Andras Lukacs und mir) gegründet und bestand zu dieser Zeit aus ca. zehn Ikarus-Mitarbeitern. Wir hatten ausschließlich Aufträge von Ikarus, die wir nach der offiziellen Arbeitszeit und an den Wochenenden bearbeiteten. Sinn und Zweck dieser Lösung war, die Arbeitszeiten auszudehnen und damit eine Kapazitätserhöhung zu erreichen. Davon profitierte der Arbeitgeber (in diesem Fall Ikarus) durch mehr Leistung, aber auch der Arbeitnehmer durch zusätzliches Einkommen.
Dieser spezielle ungarische Weg der GMK dauerte dann nur ca. fünf bis sechs Jahre und verschwand dann nach der Wende komplett! Etliche GMK gingen dann ab 1990/91 in eine GmbH über, die meisten, so auch die Radius GMK, wurden jedoch ohne Nachfolger aufgelöst.

Ikarus beauftragte also 1986 die Radius GMK (und damit eigene Mitarbeiter) mit der Entwicklung des Typs 521 auf dem Fahrgestell des VW LT 55. Durch die Notwendigkeit, ständig mit dem VW-Projektleiter Kontakt zu halten, wurde ich seitens Ikarus der Projektleiter, da meine Deutschkenntnisse in der GMK am besten waren. Innerhalb von für heutige Verhältnisse schier unglaublichen fünf Monaten war die Dokumentation für den Prototypenbau fertig! Und das nur mit zehn Entwicklern und nur nach Feierabend bei Ikarus und an den Samstagen! Das sind ca. 3500 bis 4000 Entwicklungsstunden für den kompletten Aufbau inklusive Elektrik! Und ohne CAD, alles am Reißbrett! Eigentlich kann ich heute mit 30 Jahren Abstand selber nicht erklären, wie das möglich war! Sicher war die Motivation sehr groß, unseren westlichen Kollegen bei VW zu zeigen, wie gut wir bei Ikarus waren! Sicher haben in der Radius GMK nur Top-Leute gearbeitet!

Wahr ist, dass Ikarus mit dem Typ 543 auf Avia-Fahrgestell Jahre vorher schon einen ähnlichen Midi-Bus entwickelt hatte und viele Entwickler von damals jetzt an diesem Projekt mitgewirkt haben. Trotzdem war das eine „rekordverdächtige" Entwicklungszeit, die auch bei VW einen großen Eindruck hinterließ – spätestens dann, als die ersten Tests in Wolfsburg sehr zufriedenstellend verliefen! Die größte technische Herausforderung war das verhältnismäßig niedrige zulässige Gesamtgewicht des LT 55-Fahrgestells von lediglich 5,5 Tonnen, das während der Tests auf 5,6 Tonnen erhöht wurde. Um die gewünschte Nutzlast von mindestens 2,0 Tonnen zu erreichen, musste das Leergewicht unter 3,6 Tonnen bleiben, was auch voll erfüllt werden konnte!

Dazu realisierten wir eine optimale Achslastverteilung, mit der die VW-Verantwortlichen sehr zufrieden waren. So entstanden dann in kurzer Zeit hintereinander drei verschiedene Prototypen. Eine „Luxusversion" mit einer pneumatisch betätigten einflügeligen Außenschwingtür, Reisebusbestuhlung, verbesserter Geräuschdämmung und Luftkanälen mit Einzelbelüftung. Eine „City"-Version mit einer doppelflügeligen Außenschwingtür, einfacher Innenausstattung und für Stehplätze zugelassen und nicht zuletzt die „Afrika-Version" mit Schlechtwegfederung, mit sehr robuster Innenausstattung und einem Dachgepäckträger.

Um hier den Zielmarkt dieses „Safari"-Busses deutlich zu machen, setzte unser Designer, Ferenc Örsi bei VW eine besondere Lackierung durch. Der Bus wurde mit schwarzen Streifen auf weißem Untergrund lackiert und sah aus wie ein Zebra! So wurde er auf der Industriemesse in Hannover auf dem VW-Stand ausgestellt und sorgte dort gehörig für Gesprächsstoff!

Für uns Entwickler war das eine tolle Zeit, da wir in weniger als eineinhalb Jahren diese verschiedenen Versionen entwickeln durften und auch die entsprechenden Zulassungstests erfolgreich absolvierten. Mitte 1989 wurde dann das Projekt bei der Radius GMK abgeschlossen und der Typ Ikarus 521 in die Seriendokumentation überführt.

Leider hat sich die Stückzahlerwartung für den Ikarus 521 nie erfüllt. Warum auch immer, VW bot diesen Typ nicht in der BRD an (böse Zungen behaupteten damals, dass VW dazu ein „gentlemen agreement" mit Ernst Auwärter hatte). In Osteuropa war das Produkt wegen des hohen Fahrgestellpreises von VW kaum absetzbar und in den anderen westeuropäischen Ländern hatte VW damals bei den Nutzfahrzeugen offensichtlich keine gute Marktposition.

Den größten Einzelauftrag platzierten die Budapester Verkehrsbetriebe BKV mit zwölf Fahrzeugen. Diese „City"-Busse wurden dann auf der „Burglinie" in Budapest eingesetzt. Spätestens nach drei bis vier Jahren zeigte sich hier jedoch die größte Schwäche des VW LT 55-Fahrgestells: Es war eigentlich nicht robust genug für diesen Linieneinsatz! Weder der Motor (vor allem der Turbolader), noch das Getriebe (Fünfgang manuell), noch die Bremsen waren für diesen knallharten Dauereinsatz konzipiert und geeignet! Die Busse wurden dann nach wenigen Jahren nach und nach aus dem Linienverkehr gezogen und durch den neu entwickelten Ikarus Midi ersetzt. Diese taten dann dort teilweise länger als 20 Jahre ihren Dienst.

Der Ikarus 521 auf VW LT 55-Fahrgestell war ein hübscher, leichter Bus, der allerdings die in ihn gesetzten Erwartungen nicht erfüllen konnte. Nicht robust genug für den harten Linieneinsatz, zu wenig luxuriös für den Reiseverkehr (Frontmotor, Geräuschkulisse, Blattfederung) und für die meisten Zielmärkte zu teuer! Damit blieb dieser Bus für Ikarus eine Randerscheinung, die dann nach der Wende endgültig aus dem Programm genommen wurde."

*Ernö Bartha*

■ **Ernö Bartha beeindruckte seinerzeit mit der schnellen Umsetzung des Projektes Ikarus 521 und erwarb sich später den Ruf eines international anerkannten Omnibuskonstrukteurs.**

■ **Eine glückliche Hand bewiesen die Designer des Ikarus-Teams: Der LT aus Ungarn gibt ein stattliches Bild ab.**

■ Viele Hoffnungen, die sich dann doch nicht erfüllten, rankten sich seinerzeit um das VW-Projekt bei Ikarus.

# 4

## VIEL PLATZ FÜR MANNSCHAFT UND GERÄT
# DER LT MIT BLAULICHT

POLYMA
POLYMA
Feuerwehr
112

■ Tragkraftspritzenfahrzeug auf Basis eines LT 31, Baujahr 1992: Der Aufbau stammt von Barth.

Die Karriere des LT als Einsatzfahrzeug für Feuerwehren und Rettungsdienste ist vorprogrammiert: So viel Raum auf einem Fahrgestell bis 3,2 oder 4,5 Tonnen zwischen derart günstig stehenden Seitenwänden und bei Bedarf auch mit üppiger Innenraumhöhe, das ruft einfach nach Schlauchwagen, Gerätewagen oder Tragkraftspritzenfahrzeug. Der serienmäßige Hochkasten ist die ideale Basis für den Rettungswagen oder für die Einsatzleitung, und auch für die ganz einfachen Aufgaben bei Feuerwehr und Hilfsorganisationen, den Transport der Mannschaft von A nach B, ist der LT geeignet, bleibt doch bei neun Mann Besatzung noch Raum für Ausrüstung und persönliches Gepäck. Dieser einfache Mannschaftstransportwagen muss zwar nicht viele Anforderungen erfüllen, der LT 28 in der Kombivariante kann aber mit einer sehr variable Raumnutzung glänzen. Die Dreifachrückbank lässt

■ Der LT als Kastenwagen in kurzem Radstand wird vielerorts als Tragkraftspritzenfahrzeug oder Geräte- und Schlauchwagen eingesetzt.

sich wahlweise ganz hinten oder in der zweiten Reihe anbringen, was bei der Bestellung berücksichtigt werden muss. Zusammen mit der mittleren Bank ist auch eine Sitzgruppe mit gegenüberliegenden Plätzen möglich. Eine Aussparung im Wagenboden dient als Trittstufe für den zügigen Einstieg der Truppe.

Volkswagen ist froh, nicht nur die allgegenwärtigen und hochbewährten Ausführungen von T1, T2 und T3 für die Feuerwehr vorzuhalten. Zu Beginn der 1990er Jahre bilden der Caddy als Pickup-Version des Golf I, später der geländetaugliche Taro die Ergänzung nach unten, während der LT vom ersten Tag an einer markenfreundlichen Feuerwehr überhaupt erst ermöglicht, oberhalb des Transporters VW treu zu bleiben. 2040 mm Breite und 4855 mm Länge bei ebenem, durchgehendem

■ Viele Feuerwehren sind über Jahrzehnte mit der Marke VW verbunden, weil sie schon früh die kleinen Transporter nutzten.

■ Besprechungsraum, Büro und Befehlsstand: Einsatzleitwagen LT 31 aus Mallersdorf-Pfaffenberg. Der Ausbau stammt von Ziegler.

Boden umfasst der nutzbare Raum im LT-Kastenwagen mit dem kleinem Radstand. Das ist genau das, was die Feuerwehr braucht. Der Platz reicht aus für die Bestückung des Schlauchwagens, eines Gerätewagens oder des speziellen Gerätewagen Öl – ein größerer Radstand würde sich aus Gründen der schlechten Manövrierfähigkeit ohnehin nicht bewähren.

Weit verbreitet ist das Tragkraftspritzenfahrzeug TSF, meist auf Basis des LT 31. Vorgesehen ist es für fünf Mann Besatzung zuzüglich Fahrer. Vier von ihnen bekommen einen eher knapp bemessenen Platz im Geräteraum, zwei sitzen dabei entgegen der Fahrtrichtung. Zu den vier Sitzen im Innenraum gehören auch vier Pressluftatmer und so lässt sich mit einem Tragkraftspritzenfahrzeug ein eigenstän-

■ Zweitverwendung: Dieser 4x4 mit Doppelkabine lief früher in der Energieversorgung – bei der Feuerwehr Goldkronach jetzt als Lkw.

■ Die Ausrüstung eines Kleinalarmfahrzeugs (KLAF) passt genau in den Hochkasten. Die Feuerwehr Aschaffenburg hat den LT 31 selbst ausgebaut.

diger Angriff auf ein Feuer starten, zumal in der Ausführung TSF-W, wenn ein rund 800 Liter fassender Wassertank dazugehört. Die Tragkraftspritze selbst sitzt im Heck, untergerbacht auf einem herausziehbaren Gestell in Griffhöhe. Daneben liegen Schläuche und Anschlussstücke im Regal. Generell hat der LT für all diese Zwecke einen breiten und hochreichenden, durch einen Rollladen gesicherten Zugang. Zwei Trittstufen erleichtern den Zugang zum Dach, wo in vielen Fällen kleinere Steckleitern platziert sind. Zusätzliche Warnblinkleuchten und ein Rückfahrscheinwerfer an der hinteren Dachkante ergänzen die Lichtausstattung. Beim LT gibt es sowohl das einzeln in der Mittel platzierte Blaulicht als auch zwei an den vorderen Dachkanten, Rettungswagen und Einsatzfahrzeu-

■ Ein weiterer Selbstausbau ist bei der Feuerwehr Traunstein im Einsatz: Hier dient dieser LT 35 mit Doppelkabine, Baujahr 1981, als Transportfahrzeug.

■ Eine effektive Kombination stellt das Fahrgestell mit Doppelkabine und der Aufbau als Kleinlöschfahrzeug dar, hier ein Exemplar, das bei der Feuerwehr Langen eingesetzt wird.

■ Auch die Polizei hat Bedarf an großräumigen Einsatzfahrzeugen, der LT ist ihr nicht unbekannt geblieben.

ge der Polizei sind oft mit einem dritten Blaulicht an der hinteren Dachkante ausgestattet.

Die ab Werk lieferbare 4x4-Version hat schnell auch bei der Feuerwehr und im Rettungsdienst Abnehmer gefunden. Kleinere Kommunen in bergigem Gelände oder mit Waldflächen in ihrer Topographie rufen nach dem Allradantrieb. Gerätewagen Licht sind nicht selten unter den Feuerwehr-LT, ebenso die Doppelkabine mit langen Radstand, mit und ohne Allradantrieb. Auch das Fahrgestell mit Fahrerhaus als Grundlage für Abrollkipper ist immer wieder ein Feuerwehrthema ebenso wie der einfache Pritschenwagen für den Materialtransport – dies auch bei Hilfsorganisationen wie dem Roten Kreuz.

Häufig genutzte Basis für den Rettungswagen ist der LT 35 mit Hochkasten. Dabei kommt die wirklich üppige Stehhöhe von 1870 mm und der insgesamt großzügig geschnitten Raum dem versorgenden Personal voll zu Gute. Der Kontakt zum Fahrer läuft über ein aufschiebbares Fenster in der Trennwand. Unterhalb davon sind Schubfächer und Ablagen sowie der gegen die Fahrtrichtung angebrachte Sitz des Arztes untergebracht – er betreut den Patienten dabei am Kopfende der Trage. Das Kernstück der jeweiligen Ausstattung durch Spezialisten – zu Zeiten des LT in Deutschland vor allem die Firmen Binz und Miesen – ist die Konstruktion der Behandlungstische, vor allem ihre Federung. Binz kombiniert Ende der 1980er Jahre die Hydraulik des Hubtisches mit einer hydropneumatischen Luftfederung, ein lastabhängig

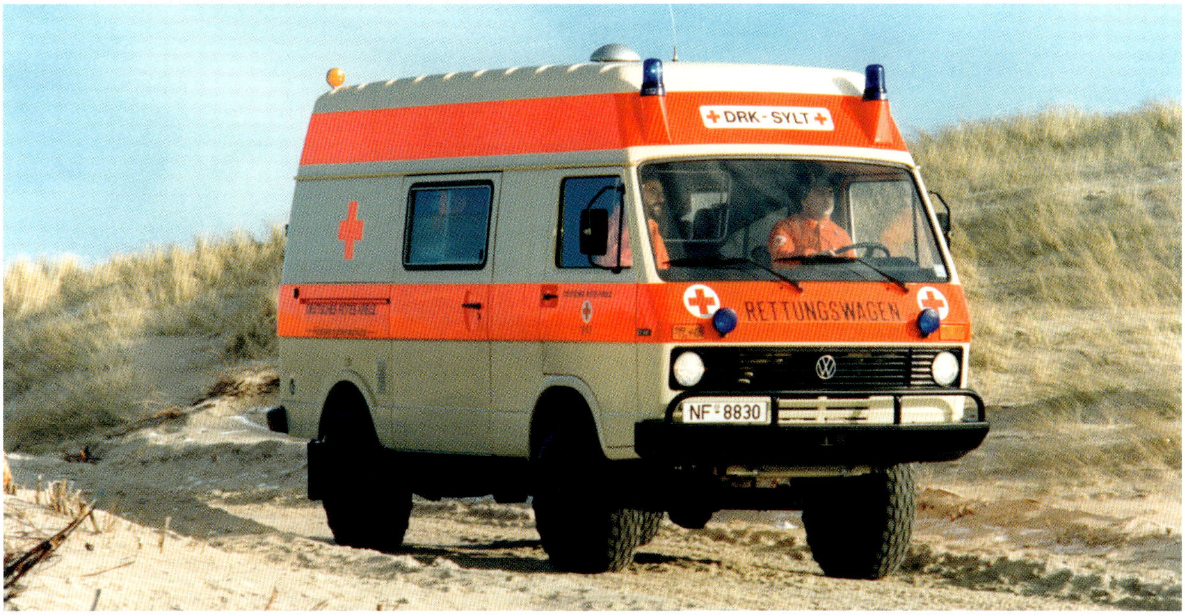


■ Viel Platz für Patienten und Geräte bietet der LT als Rettungswagen – und bei Bedarf auch Allradantrieb, wie hier beim Deutschen Roten Kreuz auf der Insel Sylt.

■ Wenn es sein muss, fährt der Allrad-LT bis an den Rand des Machbaren – auf Sylt nicht außergewöhnlich.

■ Der LT als Rettungswagen findet weite Verbreitung. Interessant an dem hier gezeigten Exemplar ist die Integrierung der Blaulichter in das Hochdach.

arbeitendes System. Miesen nennt seine Variante „Schwebe-Tisch" und arbeitet mit einem vertikalen Federungssystem zum Ausgleich der Fahrbahnstöße und mit Querstabilisatoren zur Aufnahme von Belastungen bei Überholvorgängen und Beschleunigungen. Dazu kommt eine Bremsknickabstützungsautomatik. Die serienmäßige Federung des LT wird übrigens als ausreichend angesehen und von den Rettungsspezialisten nicht weiter ergänzt. Bei der technischen Grundausstattung bereitet das breit aufgefächerte LT-Programm den Beschaffern keine Probleme, schon die 75 PS des LT 31 sind in der Regel ausreichend. Der erste LT und Blaulichteinsätze bilden auch im Rückblick eine ideale Kombination – was nicht nur die zahlreichen bis heute erhaltenen, immer noch genutzten und gerne gepflegten Einsatzfahrzeuge zeigen.

■ Blaulicht untertage: Der LT 45 mit Allradantrieb in der Kaligrube Zielitz ist sichtlich strapaziert, aber immer noch einsatzfähig.

## GERÄTEWAGEN BEIM ROTEN KREUZ

Wenn das Fahrerhaus eines LT heute noch fast wie neu aussieht, dann handelt es sich meist um ein noch im aktiven Dienst befindliches Feuerwehrauto. So ist es (fast) auch hier: Der LT 35 Kastenwagen, Baujahr 1986, läuft allerdings als ehemaliger Schlauchwagen beim Deutschen Roten Kreuz (DRK) in Bad Breisig (Rheinland-Pfalz). Für den Bestand von DRK-Fahrzeugen ist das ungewöhnlich – wie auch der Einsatzzweck dieses LT. Als Gerätewagen Technik dient er dem Katastrophenschutz im Landkreis Ahrweiler – er und die darauf geschulte Besatzung der freiwilligen DRK-Helfer gehören hier zur Schnellen Einsatzgruppe (SEG) Technik. Für Bereitschaftsleiter René Cremer und die Mitglieder des Ortsvereins Bad Breisig bedeutet das den Umgang mit einem großen Behandlungszelt, Stromaggregat, Lichtmasten und einer Heißluftheizung. Diese sehr umfangreiche Ausstattung soll bei Katastrophenlagen und bei Großveranstaltungen Verletze oder Kranke sicher versorgen helfen. Leitern, Dieselvorrat in gut gesicherten Kanistern und andere Hilfsmittel ergänzen die Beladung.

René Cremer schätzt den LT und hofft auf eine noch lange Einsatzzeit des Fahrzeugs in seinem Ortsverein. Erst 14.959 Kilometer hat er in den 31 Jahren zurückgelegt. Der alte, aber keineswegs strapazierte Motor geht durchaus geräuschvoll zur Sache, leichter Dieselgeruch im Fahrerhaus räumt auch den letzten Zweifel aus, dass es sich um einen Selbstzünder handelt. Aber so etwas gehört dazu, wenn ein Einsatzfahrzeug dieses Alters ausrückt. Der LT ist mit der Beladung voll ausgelastet, wobei seine gute Straßenlage auch heutigen Ansprüchen noch genügt.

Die Feuerwehrvergangenheit sieht man ihm nicht nur an der Grundfarbe an, auch ein ungewöhnliches Detail erinnert daran: Am Heck ist eine Hupe in Form eines Klingelknopfes angebracht mit der geheimnisvollen Anweisung: 1 x Halten, 2 x Fahren. Derselbe Hinweis ist im Fahrerhaus zu finden. Die Lösung: Wenn der Schlauchwagen seine insgesamt 1000 Meter Schläuche zu verlegen hatte, gab die hinten auf dem Trittbrett stehende Einsatzkraft die Anweisung zum Stoppen und Anfahren – immer dann, wenn ein neuer Schlauch anzukuppeln war.

■ Von der Feuerwehr zum Deutschen Roten Kreuz: Der 1986 gebaute LT 35 wird hier als Gerätewagen Technik eingesetzt.

■ Alles an Bord des Gerätewagens Technik: Hier wird das Stromaggregat entladen.

■ Klare Anweisung für den Ernstfall ...

■ ... beim Auslegen von 1000 Metern Schlauch. DRK-Bereitschaftsführer René Cremer zeigt, wie die Spezialhupe bedient wurde.

■ Ein echtes Schmuckstück ist der LT 35, Baujahr 1986 – optimal betreut vom DRK-Ortsverein Bad Breisig.

■ Die Feuerwehr Traunstein nennt diesen LT 35 (1991) „Mehrzweckfahrzeug und Gerätewagen Strom".

■ Ebenfalls von der örtlichen Feuerwehr eingerichtet wurde dieser LT 35, Baujahr 1986. Er dient der Öl- und Chemiewehr im schweizerischen Buchs-Dällikon.

■ Schwierige Wegstrecken kennen die Schweizer Feuerwehren zur Genüge. In Lenzburg fährt deshalb ein LT 40 4x4 als Mannschaftstransportwagen.

■ Wenig Laufleistung, dafür viele Dienstjahre: Der LT 35 als Gerätewagen Licht der Feuerwehr Lauf wurde 1986 gebaut.

■ Strenge Ordnung im Fahrzeug ist Pflicht für die Feuerwehr: Hier ein LT 35 als Schlauchwagen.

■ Alle namhaften Hersteller von Feuerwehrtechnik nutzten den LT als Basisfahrzeug: Hier ein Prospekt aus dem Hause Rosenbauer, ein in Leonding/Oberösterreich beheimateter Traditionshersteller aus dieser Branche.

# 5 ALLESKÖNNER UNTER SICH
# DER LT UND SEINE AUFBAUTEN

H-LH 295

Innen geräumig und ein Fahrgestell, das viel Platz und Tragfähigkeit bietet – über einen solchen Neuling auf dem Markt der Transporter war Mitte der 1970er Jahre die Branche der Hersteller von Aufbauten mit Sicherheit froh. Für den LT sprechen dabei das Angebot von (über den gesamten Produktionszeitraum betrachtet) drei verschiedenen Radständen und der zum Teil große hintere Überhang. Einige Variationen bietet das Werk selbst an, wie die optimale Nutzung der Kasten- und Hochkastenwagen; andere Sonderausführungen bleiben der darauf spezialisierten Industrie überlassen. Viele Konstruktionen sind nämlich für die Großserie zu unrentabel und ohne fachspezifischen Aufwand nicht zu realisieren. Gleichwohl erwartet eine unter dem Strich große Kundschaft eine Vielzahl kleinteiliger Lösungen.

Wie vielfältig die Anforderungen an ein Nutzfahrzeug sind, entscheiden letztlich die Hersteller der Aufbauten. Hier kommt die meist mittelständisch strukturierte Industrie mit Tüftlertalent mit immer neuen Lösungen, nicht selten fußen diese auf Anregungen direkt aus der Praxis der Kundschaft.

■ Der Ladekran auf kompaktem Fahrgestell – mit dem LT die richtige Kombination.

■ Eine selten eingesetzte Ausführung ist der Umbau des Fahrgestells zur Sattelzugmaschine.

Die Branche lebt nicht schlecht davon, denn die Nutzer sind auf diese Aufbauten, Umbauten und auch auf die Anbaugeräte angewiesen, was ihre Möglichkeiten bei den Preisverhandlungen einschränkt.

Für komplette Aufbauten hat Volkswagen deshalb schon früh den Windlauf im Programm, ein Fahrgestell mit Fahrerhaus ohne Dach und Rückwand. Neben Kleinbussen entstehen daraus auch Werttransporter und fahrende Sparkassenfilialen. Ein komplettes Feld der Karosseriebauer ist das ebenfalls vom Werk gelieferte einfache Fahrgestell mit Fahrerhaus.

Abfallsammlung, Kanalreinigung und Winterdienst, Tiefbau, Fassadenreinigung und Gartenbau, Autoservice, Geldtransport und Möbelauslieferung, Marktbeschickung und Hausverkauf von Tiefkühlkost, Transport von Pferden und anderen Vierbeinern – für fast alle Branchen bietet sich eine LT-Version an. Auf den folgenden Seiten ist die Vielfalt zu sehen, zu der natürlich auch die separat beschriebenen Einsatzfahrzeuge und Kleinbusse zählen.

■ Maximale Grundfläche bietet dieser LT-Verkaufswagen bei größtmöglicher Breite und Heckverlängerung.

■ Leeren von Papierkörben auf engen Straßen und Plätzen braucht kompakte Entsorgungsfahrzeuge. Befüllt werden muss der LT-Aufbau mit der Hand.

■ Abrollsystem für Entsorgungsaufgaben: Die hydraulische Hub- und Auffahrvorrichtung sorgt für schnelles Auf- und Absetzen.

■ So kommt der Volkswagen LT in die Landwirtschaft: Aufbau für den Viehtransort.

■ Frei-Haus-Verkauf für Kühlgut: Zum neuen Trend der 1980er Jahre passt das Fahrgestell des LT 50 bestens.

■ Damit die wertvolle Fracht sicher ans Ziel kommt, hat dieser LT-Pferdetransporter eine zweite Hinterachse.

■ Schnelle Medien im Vor-Internet-Zeitalter: Bosch nannte seine Idee „Schnell-Reportage-Wagen". Gute Fahrleistungen erreichte er unter anderem dank des Vollkunststoffaufbaus hinter dem Fahrerhaus.

6

ÜBER 30 JAHRE HARTE ALLTAGSARBEIT

# DER LT IN DER ENDNUTZUNG

Turkish
Pavilion
6E19
16D42

Transporter haben ein langes Leben, abhängig von Einsatzweck, Laufleistung und auch von ein bisschen Glück. Volkswagen LT der ersten Generation sind aus dem Straßenbild längst noch nicht verschwunden. Fahrzeuge mit 25 und 30 Jahren auf dem Buckel rollen über Land und durch die Städte, vor allem Schrotthändler und Handwerker setzen auf den langjährigen Begleiter oder günstig erworbene Helfer im Alltag.

Dabei sind es oft gar keine Oldtimerfreunde, die ihre LT heute noch im Alltag nutzen. Pflege und Restaurierung stehen hier nicht im Mittelpunkt, der LT muss laufen, und sonst nichts. Deshalb gehen solche Beziehungen auch mal schnell zu Ende. So war da zum Beispiel ein LT bei einem Gerüstbauer: Die Bitte um einen Fototermin kam zu spät, denn der Transporter war kurz vorher als Ersatzteilträger nach Afrika gegangen – gegen eine Kiste Bier. Oder der Schrotthändler, der, obwohl von seinem LT durchaus angetan und zum Fototermin bereit, ihn kurzerhand verschrottete, als der Motor den Geist aufgab. Im Idealfall erbarmen sich private Nutzer für die deutlich verschlissenen, aber immer noch alltagstauglichen Fahrzeuge und erhalten sie für die Nachwelt, wie es Wohnmobilisten und Angehörige der Feuerwehr ohnehin schon tun. Hier einige Beispiele von LT, die noch heute (oder bis vor kurzem) eingesetzt werden und wurden.

■ Immer noch ein gutes Bild auf dem Messegelände: Der Panorama City TL von Ernst Auwärter. Das Baujahr 1991 sieht man seiner Optik nicht an.

■ Neu und alt im Vergleich: Der LT macht gegenüber dem Mercedes Sprinter keine schlechte Figur.

# DER UNERKANNTE YOUNGTIMER – MESSEVERKEHR MIT LT-BUSSEN

Man sieht ihnen ihr Alter gar nicht an! Was (fast immer) als Kompliment für den Menschen gedacht ist, lässt sich mühelos auf die erstaunliche Busflotte von Messe-Service-Busse Harry Escher aus Dortmund übertragen. 22 VW LT-Busse mit Aufbauten von Ernst Auwärter hat er noch im Jahr 2016 in seinem Fuhrpark. Alle Exemplare stammen aus den Baujahren 1991 und 1992, die vorwiegend auf den Messegeländen Düsseldorf und Frankfurt eingesetzt werden. Sie sehen nicht unmodern aus dank der mutigen Gestaltung des Busaufbaus. Selbstverständlich basieren sie auf der zuverlässigen Grundtechnik des VW LT und werden bei Ralph Senft, dem heutigen Inhaber der Firma, konsequent gepflegt und in Schuss gehalten.
So kommt es, dass sich wohl die meisten der vielen tausend Fahrgäste an einem langen Messetag auf ihrem eiligen Weg zwischen den Hallen nicht wie

■ Hinter dem Windlauf beginnt der Spezialaufbau. Große Fensterflächen waren das Markenzeichen der Busse von Ernst Auwärter.

■ Beeindruckende optische Wirkung: Die Frontscheibe des Busses lässt den LT größer wirken als er in Wirklichkeit ist.

■ **In der zweiten Ausführung hat der Panorama City auch hinten eine Tür.**

in einem Youngtimer fühlen. Das Markenzeichen des Panorama City LT 50 von Ernst Auwärter, die große Frontscheibe, strahlt Großzügigkeit nach außen und nach innen aus. Auch die übrige Verglasung ist üppig und aufwändig Der Bus hat Platz für 16 sitzende und 16 stehende Fahrgäste. Zwei doppeltbreite Drucklufttüren machen den Weg frei für den Ein- und Ausstieg. Und sechs der 22 LT haben sogar ein Niederflurabteil im Heck, hier fällt die hintere Tür kleiner aus. Wenn die Busse auf der Automechanika in Frankfurt unterwegs sind, kann es allerdings durchaus sein, dass manchem mit dem Autothema vertrauten Mitfahrer der kernige Motorlauf auffällt, ebenso das leise, aber doch vernehmbare Geräusch aus dem Hinterachsdifferenzial. Das bleibt bei bis zu 250.000 Kilometern Gesamtlaufleistung und 25 Dienstjahren eben nicht aus. Der Motor sitzt ja neben dem Fahrer praktisch im Fahrgastraum. Undichtigkeiten und Ölgeruch wie bei manchen alten Bussen mit einer solchen Motorlage entstehen im LT von Auwärter aber nicht.

Der Fahrer vermisst auf den speziellen Messestrecken nicht viel im Vergleich zu den auch von der Firma eingesetzten modernen Kleinbussen auf Basis des Sprinter von Mercedes-Benz – übrigens auch mit Aufbauten von Ernst Auwärter und der kurzzeitigen Nachfolgefirma Pucher versehen. Lukas Siebeck, Student und wie alle Messefahrer bei Senft als Teilzeitkraft tätig, schätzt die angenehme Sitzposition und die klare Ordnung der Instrumente und Bedienelemente. Der Fahrerplatz ist durch eine frei schwenkende Plexiglastür vom Fahrgastraum abgetrennt. Dadurch besteht immer Hör- und Sichtkontakt zu den Fahrgästen. Von ihnen kommen immer dieselben Fragen: „Fahren Sie auch zu Halle 7, sagen Sie mir bei Halle 11 Bescheid, wo wartet der Shuttlebus zu den Parkplätzen, wo ist Ausgang Nord?“ Siebeck beantwortet sie immer wieder, freundlich, geduldig und bei Bedarf auch auf Englisch. Stress bricht für den Fahrer regelmäßig aus, wenn gegen 18.00 alle Messebesucher auf einmal, müde und ungeduldig, das Gelände

■ **Stammfahrer im Nebenjob: Lukas Siebeck kennt die Wünsche der Messegäste.**

verlassen wollen. Aber auch tagsüber ist der Job anspruchsvoll. Der Fahrer muss trotz des niedrigen Tempos die Konzentration permanent hoch halten. Denn kaum eine Fußgängergruppe ist so unaufmerksam wie Messebesucher, die zwischen den Hallen nicht mit Fahrzeugen rechnen und außer ihrem nächsten Ziel nichts im Blick haben. Da kann man selbst einen fahrenden Bus übersehen ...

Auf dem Messegelände in Düsseldorf macht ein LT am Tag 44 Runden in zehn Stunden. Etwa alle 50 Meter gibt es einen Stopp, für die Türen bedeutet so ein Messetag Höchstbelastung. Deshalb muss der Kompressor des luftdruckbetätigten Türsystems besonders viel leisten und zuverlässig arbeiten. Ralph Senft ist von der Qualität der Busaufbauten und der Grundfahrzeuge restlos überzeugt. Nach 25 Jahren gibt es keinerlei Probleme mit der Stabilität der Aufbauten oder der Haltbarkeit der Ausstattung – außer in einem Punkt: Unter der allmählich abgenutzten Dachabdeckung aus Fiberglas kann Wasser nach vorn in den Motorraum laufen und Unheil in der Elektrik anrichten. Aber diese Schwachstelle haben die Leute von Ralph Senft gut im Griff. Problematisch wird es bei Unfallschäden am Aufbau. Allein die Frontscheibe – sie muss einzeln nachgefertigt werden – kostet 5500 Euro, und auch die Heckscheibe und die großen Seitenscheiben sind entsprechend teuer. Alles andere bleibt von Außeneinwirkungen verschont und hält – die Grundtechnik von Volkswagen auch.

Viele Messen in Frankfurt/Main und in Düsseldorf sehen die LT, auf der Buchmesse war Ralph Senft schon 35 Mal. Gefragt ist der Messerservice zwischen den Hallen auf eher unübersichtlichen und unorganisch gewachsenen Messearealen: Jeder, der die auf dem Messegelände von Frankfurt aneinander gereihten Hallen „erwandert" hat, weiß einen guten Busservice zu schätzen.

■ Er versteht das Geschäft in der kleinen Nische: Firmeninhaber Ralph Senft.

Ein Ersatz der VW LT steht bei Senft mittelfristig nicht zur Debatte. Erst einmal will der Unternehmer auf dem Markt einen ebenbürtigen Nachfolger finden, denn auch die Sprinter mit Aufbauten von Ernst Auwärter und Pucher sind nach dem Ende von Pucher im österreichischen Linz im Jahr 2009 nicht mehr zu haben. Erst vier Jahre zuvor hatte Pucher die insolvente Firma Ernst Auwärter übernommen. Den Messebesuchern in Düsseldorf und Frankfurt bleibt der vertraute Anblick der sicherlich einmaligen LT-Flotte also noch eine Weile erhalten.

## TÄGLICHE KURZSTRECKE IM DAUERBETRIEB: LT BEIM DACHDECKER

Und dann bestand der LT 28D nicht mehr die Hauptuntersuchung: Schade, aber bei einem gut 32 Jahre alten Transporter kann das ja auch passieren. Der LT mit Pritsche wurde abgestellt, nach 183.000 Kilometern. Da klingt es für überzeugte LT-Freunde schon fast ein wenig tröstlich, dass allein die verrottete Holzpritsche des im harten Alltagseinsatz eines Dachdeckerbetriebes gelaufenen Fahrzeugs der Grund für die Stilllegung Ende 2016 war. Motor, Kraftübertragung, Kabine und Chassis sind hingegen noch voll funktionsfähig und belastbar. Dirk Meyer, Dachdeckermeister in Sinzig am Rhein, hätte den stadtbekannten LT sonst noch weiter genutzt. Irgendwie gehören beide zusammen. Dirk Meyer, Jahrgang 1968, ist im väterlichen Betrieb praktisch mit dem VW aufgewachsen – nahezu an jedem Arbeitstag hatten die beiden miteinander zu tun.

Dabei ist der grün-weiße Pritschenwagen gar nicht vom ersten Tag an für den Dachdeckerbetrieb gelaufen. Kenner sehen bis heute auf den ersten Blick, dass der LT einmal als Getränketransporter gedient haben muss, denn die Farben einer Koblenzer Biermarke und sogar deren Markenzeichen sind noch deutlich zu erkennen. Das war 1984. Allerdings fuhr er die Getränke nicht lange, es folgte schon bald gewichtsintensiver Dachdeckerbedarf einschließlich neuer Dachpfannen und anfallendem Schutt. 183.000 Kilometer in 32 Jahren und alles nur Kurzstrecke: „Die längste Tour war wahrscheinlich die vom Getränkevertrieb in Mülheim-Kärlich zur Brauerei nach Koblenz (ca. 25 Kilometer)", glaubt Dirk Meyer. Und nicht zu vergessen die Überführung des jungen Gebrauchten von Mülheim-Kärlich nach Sinzig (in etwa dieselbe Entfernung).

Genau zwei größere Reparaturen sind Meyer untergekommen: Eine Vorderachsaufhängung gab bei der Abfahrt zum Tageseinsatz plötzlich nach; vorsichtshalber ließ er bei dieser Gelegenheit auch die andere auswechseln. Außerdem quittierte einmal das Handbremsseil seinen Dienst, mehr war nicht in all der Zeit. Roststellen am Rahmen oder an der Kabine halten sich in sehr überschaubaren Grenzen. Trittbretter und Radläufe sind leicht befallen, das Chassis zeigt zumindest auf den ersten Blick keine Spuren. Und das bei einem Fahrzeug, das nie in einer Halle stand und bei dem sich die Wagenpflege auf das Nötigste beschränkte.

■ **Der tägliche Weg zur Kundschaft begann für Dirk Meyer mit dem Zirkeln durch seine enge Hofeinfahrt.**

■ Ist mit seinem LT groß geworden: Dachdeckermeister Dirk Meyer.

■ Hier wird gearbeitet: Fahrerhaus nach 32 Jahren intensiver Nutzung.

## SCHLOSSERMEISTER MIT BLAULICHT

Diese Frage muss einfach kommen und Martin Peters ist sie längst gewohnt: Wieso darf sein LT 45, ein ehemaliges Feuerwehrauto, mit Blaulicht fahren? „Weil ich die roten Tüten immer dabei habe." Auf Verlangen wird das Blaulicht auf der Doppelkabine also abgedeckt, der Elektromotor und die Leuchten sind ohnehin nicht mehr funktionsfähig. Dasselbe gilt für die Fanfare. Martin Peters, 49, aus Sinzig ist keineswegs ein Feuerwehrmann, der ein altes Schätzchen retten wollte. Sein Beruf ist der eines Schlossermeisters und dafür brauchte er 2011 ein gebrauchsfähiges und in der Anschaffung günstiges Nutzfahrzeug. Er agiert ohne Mitarbeiter an vielen Einsatzplätzen im ganzen Rheinland und hat immer die komplette Ausrüstung dabei, vom Stromerzeuger bis zum Kompressor. Als ein Gastwirt aus Mayen in der Eifel, der aus dem Feuerwehr-LT eigentlich einen Ausschankwagen machen wollte – er scheiterte an der Stehhöhe – seinen LT anbot, griff Peters zu. Rund 3500 Euro hatte er bezahlen müssen. In knapp fünf Jahren hat er immerhin 20.000 Kilometer zurückgelegt, 180.000 Kilometer hat der LT 45 mit Vergasermotor insgesamt auf dem Zähler. Viel am Auto zu tun gab es seitdem nicht, eine Faustachse vorn hatte zu viel Spiel und musste ersetzt werden wie überhaupt die vorderen Reifen ungleich über die Außenkanten abgenutzt werden. Da bietet sich irgendwann ein Tausch mit zwei hinteren Reifen an.

Insgesamt hilft der LT Peters, seinen Ein-Mann-Betrieb effektiv zu managen, der Verbrauch des 90 PS starken Fünfzylinders ist aber erwartungsgemäß recht stattlich. Bis zu 20 Liter auf hundert Kilometern im Kurzstreckenverkehr und um die 16 Liter auf größeren Strecken sind einfach Fakt. Die Doppelkabine bewährt sich als Stauraum, notfalls lässt sich dort auch übernachten. Peters hat sich einen besseren Fahrersitz gegönnt. Er stammt aus einem Mercedes G und passt so knapp hinein, dass eine

■ Kein ganz dringlicher Einsatz, aber der Schlossermeister kommt – der LT 45 von Martin Peters im Einsatz.

■ Die Ursprungsverwendung: Gerätewagen Atemschutz bei der Grubenwehr in Zielitz.

■ Alles an Bord: Der Aluminiumaufbau des Feuerwehrfahrzeugs ist optimal ausgenutzt.

Längsverstellung nicht mehr möglich ist. Aber er bietet einen ordentlichen Seitenhalt im Gegensatz zum verschlissenen Original.

Vor dem Gastwirt lief der LT bei der Grubenwehr in Zielitz in Sachsen-Anhalt, einem Kalibergwerk. Ganz schwach ist die Schrift an der Front noch erkennbar. Dort war er als Gerätewagen Atemschutz eingeteilt. Allerdings ist kaum zu vermuten, dass das Fahrzeug aus dem Baujahr 1987, also noch zu DDR-Zeiten, als ein solches eher einfaches Feuerwehr-Neufahrzeug für rare Devisen aus dem Westen beschafft worden ist. Dass vielmehr der Feuerwehrgerätespezialist Thoma in Kenzingen bei Freiburg für den feuerwehrtechnischen Aufbau – bestehend aus einem Aluminiumkasten mit drei Rollläden und der Atemschutzausstattung – verantwortlich war, spricht für eine anderweitige Nutzung vor der Blaulichtzeit. Thoma hatte sich seinerzeit darauf spezialisiert, gut erhaltene Gebrauchtfahrzeuge, besonders gern mit Doppelkabine, mit neuer Feuerwehrtechnik zu kombinieren. Weiteres Indiz für ein Gebrauchtfahrzeug: Im Fahrerhaus ist an einer Stelle die Farbe Taubenblau zu erkennen, ein Ton aus der VW-Lackpalette. Die Inbetriebnahme des LT-Umbaus in dem Kalibergwerk erfolgte also erst nach der Wiedervereinigung. Der oder die Nutzer vor der Feuerwehrzeit sind allerdings nicht bekannt. Der Schlossermeister ist weiter mit seinem originellen LT unterwegs zur Kundschaft. Eigentlich hatte er ihn nur wegen des günstigen Preises und des praktischen Kastenaufbaus gekauft, hat ihn aber längst schätzen gelernt, auch als eine Art Erkennungszeichen bei der Kundschaft.

■ Nicht wenige LT erleben wie dieser hier ihre letze Phase in der Hand eines Schrotthändlers. Sie haben meist viele Jahre auf dem Buckel und sind daher günstig in der Anschaffung. Mit etwas Glück kann auch ein mehr als 25 Jahre alter LT noch lange zuverlässig über Land fahren und Rohstoffe einsammeln. Schrotthändler verhalten sich allerdings selten nostalgisch: Geht der LT plötzlich kaputt, wird er erbarmungslos verschrottet.

■ Das Erlebnisbergwerk in Merkers (Thüringen) bietet seinen Besuchern viel, von der Grubenfahrt über Touren durch die Salzstollen in 800 Metern Tiefe bis zu Konzerten untertage. Wer einen Blick für Fahrzeuge hat, konnte sich auch im Jahre 2017 noch an dem Betrieb mehrerer LT erfreuen, die tief unter der Erde zum Transport von Menschen und Material eingesetzt werden.

■ Der LT eignet sich für Transporte aller Art, allerdings in Sachen Ladungssicherheit sei dies hier nicht zur Nachahmung empfohlen: Wenn man es richtig anstellt und alles ein bisschen tarnt, kann dennoch ein kreativer Autotransport abgewickelt werden.

■ Guter Zustand, (fast) alles original, nie restauriert: Das ist bei einem LT keine Seltenheit. Das hier gezeigte Exemplar, ein LT 28 D mit Tiefpritsche, erstmals zugelassen im Juli 1984, belegt die Robustheit der Baureihe eindrucksvoll. Mehr als ein paar Schweißarbeiten am Fahrerhaus hat sein Besitzer nicht erledigen müssen. Der LT läuft, wenn er gebraucht wird, was in seinem 33. Lebensjahr allerdings nur noch gelegentliche Fahrten sind. Erworben hat ihn der Eigentümer von einem Schlosser, Erstbesitzer war ein Schrotthändler. Ganz klar, die niedrige Pritsche – sie liegt um 285 Millimeter tiefer als die normal hohe Ladefläche – spielt gerade bei diesen beiden Aktionsfeldern ihre Vorteile aus. Gut 157.000 Kilometer hat der LT hinter sich. Sein Alter sieht man ihm durchaus an, und genau das macht den Reiz eines solchen Fahrzeugs aus. Man sieht es ihm auch deshalb an, weil alles original ist, bis hin zur Radioantenne. Nur die ergänzenden kleinen Außenspiegel sind, warum auch immer, im Laufe der Zeit dazugekommen.

7

EXOTEN AUF ALLEN PISTEN

# DER LT ALS BASIS FÜR EXPERIMENTE

MATTER
HELLA
RECARO
VARTA
4x4
Castrol
Genuine
Accessories
Continental
VOLKSWAGEN
Coca-Cola
5 LA CINQ
MATCH
AFRICATOURS
AIR AFRIQUE

## DIE ERSTE DOPPELKABINE – VETTER BAUT AUF DEM KLEINEN RADSTAND

Die wenigsten hatten schon mal das Privileg, dieses Fahrzeug in der Realität zu sehen. Bekannt sind zumeist nur die Prospektabbildungen. Die erste Doppelkabine auf einem LT-Fahrgestell kam nämlich nicht vom Werk, sondern von der Fahrzeug- und Karosseriefabrik Walter Vetter aus Fellbach bei Stuttgart. Über eine Produktion in Kleinserie oder auch nur den Verbleib des im Prospekt gezeigten Fahrzeugs ist nichts bekannt, der Prospekt ist zudem undatiert. Vermutlich stammt er aus dem Jahr 1976. Jedenfalls war Vetter schnell, erkannte die Lücke in dem von Volkswagen zum Auftakt der LT-Produktion präsentierten Programm und stellte eine Doppelkabine im Radstand von 2500 mm auf die Räder. Die Werksausführung ab 1978 gab es zunächst mit Radstand 2950 mm, ab 1983 auch zusätzlich mit 3650 mm.

Eine Kabine zu verlängern ist für den im Bau kompletter Omnibusaufbauten höchst erfahrenen Betrieb keine besondere Herausforderung, und bei dem hervorragenden Ruf der Vetter-Busse wird auch niemand Qualitätsprobleme erwartet haben. Die Verlängerung des Originalfahrerhauses, eine hintere Tür für die rechte Seite mit festem Fenster, ein solches Fenster auch für die linken Seite und eine gepolsterte Sitzbank für drei Personen umfasste der Umbau. Im Vergleich mit der Doppelkabine von VW fällt auf, dass Vetter darauf verzichtet hat, eine durchgehende Sicke unten über die hintere Tür zu ziehen. Die Kabinenverlängerung von Vetter reicht auch nicht so tief hinunter wie serienmäßig im Bereich vor der Vorderachse. Dafür gibt es hinten eine Trittstufe als Einstiegshilfe. Das Fenster in der Rückwand wirkt bei Vetter etwas kleiner als später bei VW. Im Gegensatz zur Doppelkabine ab Werk bleibt die hintere Sitzbank bei Vetter ohne Stauraum.

Die Idee war gut, der Plan reifte wohl, als parallel bei Vetter eine Busversion für den LT entwickelt und dann auch über Jahre angeboten wurde. Von der Doppelkabine aus Fellbach hat man seitdem nichts mehr gehört. Preislich hätte der Umbau in Handarbeit wohl auch nie mit der Werkslösung konkurrieren können, von der Wirtschaftlichkeit der kleinen Ladefläche ganz zu schweigen.

**■ Am Markt muss man schnell sein: Karosseriebauer Vetter wagte sich früh an das Projekt und baute seine Doppelkabine auf das kurze LT-Fahrgestell. Hier eine Prospektabbildung.**

## DER E-TRANSPORTER

Wenn es um Verteilerverkehr im innerstädtischen Bereich geht, hat sich die Post – ob Deutsche Bundespost in der alten Bundesrepublik oder Deutsche Post AG nach der deutschen Vereinigung 1990 – den Ruf der Fortschrittlichkeit erworben. Alternative Antriebe, insbesondere der Elektroantrieb, sind immer ein Postthema gewesen. Schon in der Vor- und Nachkriesgzeit sind elektrische Paketwagen der Post unterwegs gewesen. Jahre nach Ausmusterung der großen und schweren Elektropaketwagen bemüht sich die Bundespost 1981 in einem Großversuch um die Verbreitung dieses Antriebkonzeptes. Zum Großversuch von insgesamt 34 Fahrzeugen gehören auch acht LT 35 E. 30 kW Dauerleistung, 50 kW Höchstleistung und eine Reichweite von 65 Kilometern bei Tempo 50 – eine eher ungenaue, am Marketing orientierte Angabe – sind die Eckdaten. Der Antrieb erfolgt über das serienmäßige Vierganggetriebe und die Kardanwelle. Nicht ohne Ingenieurstolz verkündet der Pressetext den Einbau eines Mikroprozessors in die Antriebsregelung. Das so entstandene kompakte Antriebskonzept stellt eine gewichtsoptmierte Lösung dar. Der Hochkasten auf Basis des LT 35 wiegt mit 3350 kg aber doch 1720 kg mehr als der Diesel-LT. So beträgt die Nutzlast für Pakete 1325 kg, was im Postalltag durchaus ausreichend ist. Die Zeit der Bleibatterien ist allerdings noch nicht vorbei. Nachladbar ist der E-Transporter an jeder Steckdose (220 V/16A). Wie lange das dauert, verschweigt der Pressetext, für die schnellere Ladung am Drehstromnetz werden 15 bis 18 Stunden für 80 Prozent Füllung angegeben.

■ Der LT abgasfrei: Früher Versuch mit dem Elektrotransporter, noch auf Basis der „guten alten" Bleibatterien.

## DER NORIKER – GROSSE PLÄNE UND KEINE SERIE

Zwei renommierte Automobilhersteller haben große Pläne, gehen systematisch vor, entwickeln ein neues Modell, die Prospekte sind schon gedruckt – und geben das Projekt auf der Zielgerade dann doch auf! Das ist in Kurzform die Geschichte des Noriker, eines hochgeländegängigen LT mit Allradtechnik von Steyr-Daimler-Puch. Der Noriker ist vorrangig für militärische Zwecke konzipiert worden. Als geländegängiger Lkw der Zweitonnen-Klasse hätte er sich im Umfeld von Pinzgauer (Steyr) und Unimog (Mercedes-Benz) seinen Platz suchen sollen. Die Hauptunterschiede zum serienmäßigen Allrad-LT aus Hannover sind die Achsen und das Differenzial. So verwendet Steyr Starrachsen als Portalachsen und verschafft dem Noriker auf diese Weise eine Bodenfreiheit von 351 mm, 141 mm mehr als die VW-Werksversion des 4x4 aufweist. Das ergibt natürlich einen viel günstigeren Böschungswinkel, 37 (vorn) und 38 (hinten) statt 30 und 26 Grad. Außerdem handelt es sich im Noriker um einen permanenten Allradantrieb und das Zwischengetriebe von Steyr anders übersetzt. Geplant ist der Noriker mit den Radständen 2600 und 2900 mm, die demnach – es handelt sich um Prospektangaben – etwas von den Radständen aus der Großserie abwichen. Geplant sind die Modelle für das Militär als Mannschaftswagen mit Pritschen und Planenverdeck, Funkwagen und Fahrgestelle mit Fahrerhaus oder Doppelkabine zur Aufnahme von Aufbauten wie Ambulanzen, Werkstattkoffer, für Leitungsbau und Waffensysteme und auch als Kastenwagen. Transporter für Mensch und Material, Zugfahrzeug für konventionelle Anhänger oder Waffen oder als Trägerfahrzeug für Waffensysteme und Spezialaufbauten, so wird der Noriker militärischen Beschaffern schmackhaft gemacht. Zivile Interessenten, etwa im kommunalen Dienst, zählen auch zur Zielgruppe. Ein Nebenabtrieb für Anbaugeräte ist schließlich vorhanden. Das Konzept eignet sich auch für Wartungsfahrzeuge in der

■ **Trotz vielversprechender Technik und sehr guter Fahreigenschaften im Gelände fand sich kein Großabnehmer für den Noriker.**

NORIKER

A new, all terrain light duty truck with permanent all-wheel drive, based on the Volkswagen LT with 1.5 or 2 tons payload

Steyr-Daimler-Puch Fahrzeugtechnik

NORIKER

Steyr-Daimler-Puch
Fahrzeugtechnik GmbH
A-8041 Graz
Liebenauer Hauptstraße 317
Telephone: (316) 404-0*
Telefax: (316) 40-13-22

The Noriker has been subjected to thousands of test kilometers on rough roads

**The basic versions of the Noriker:**

- Chassis with driver's cab
- Pick-up
- (Troop) carrier with tarpaulin cover
- Van

Subject to alteration, 11/91, printed in Austria 1991

NORIKER

**Technical data:**

| | |
|---|---|
| **Engine** | 6-cylinder 2.4 litre turbocharged diesel, max. power: 70 kW/ 3500 rpm, max. torque: 205Nm/2200 rpm; alternatively: 6-cyl. 2.4 litre turbocharged diesel with intercooler, max. power: 90 kW/4800 rpm, max. torque 230 Nm/2400 rpm |
| **Transmission** | 4-speed automatic transmission with torque-converter lockup, or fully synchromesh 5-speed manual transmission |
| **Drive system** | Permanent all-wheel drive with fully-synchromesh, 2-speed transfer case and 100 % locking center differential |
| **Chassis, Suspension** | Torsion-resistant box-type ladder frame, box-type members, leaf springs and shock absorbers, stabilizers front and rear (optional) |
| **Axles** | Beam type axles with hub reduction (portal axles) and 100 % locking differential front and rear, offset of portal: 100 mm |
| **Brakes** | Hydraulic dual-circuit brake system with power assistance, disc brakes front and rear |
| **Steering system** | Power-assisted ball nut steering |
| **Electric system** | 12 V or 24 V |
| **Wheels/Tires** | 10 R 17.5 tubeless with single-piece rim or 9.00 R 16 with split rim, suitable for beadlock or run flat and mobility device |

The new transfer case (Cutaway)

The Noriker is a further joint product of the long standing industrial partnership between the large-volume manufacturer Volkswagen AG and the experienced all-wheel drive specialist Steyr-Daimler-Puch Fahrzeugtechnik. The basic vehicle is the established VW LT. Thus, a large number of proven production components is available for the Noriker.

Because of its specific design concept, the Noriker is a multi purpose vehicle providing a wide range of applications for civil/municipal as well as military purposes.

A new permanent all-wheel drive with a fully - synchromesh , 2-speed transfer case and a 100 % locking center differential has been developed for the Noriker. The front and rear axle differentials are also 100 % lockable. The beam type front and rear axles have been designed as portal axles with hub reduction.

Operated on roads the Noriker is as efficient as the basic vehicle VW LT. Operated on rough roads and off-road also under adverse conditions or in extreme climatic zones the Noriker displays its technical superiority as a high performance all-wheel drive vehicle.

Special version of the Noriker - with shelter

| **Model :** | **Noriker P 150 Pick-up with tarpaulin cover** | **Noriker P 200 Pick-up with tarpaulin cover** | **K 180 Van** |
|---|---|---|---|
| **Wheelbase:** | 2600 mm | 2900 mm | 2900 mm |
| **Length:** | 4830 mm | 5240 mm | 5305 mm |
| **Width:** | 2105 mm | 2105 mm | 2080 mm |
| **Hight:** | 2455 mm | 2455 mm | 2466 mm |
| **Track front/rear:** | 1788mm | 1788 mm | 1788mm |
| **Loading platform:** - length | 3045mm | 3455 mm | 3410 mm, height: 1460 mm |
| - width | 2105 mm | 2105 mm | 1815 mm, volume: 8,95m³ |
| - area | 6,41m² | 7,27 m² | 6,19 m² |
| **GVW:** | 4300 kg | 4900 kg | 4600 kg |
| **Payload:** | 1500 kg | 2000 kg | 1800 kg |
| **Max. axle load front/rear:** | 2250 kg/2300 kg | 2250 kg/2800 kg | 2250 kg/2600 kg |
| **Max. drawbar load (vertical):** | 200 kg | 200 kg | 200 kg |
| **Max. speed:** | approx. 105 km/h; 110 km/h at 90 kW | approx. 105 km/h; 110 km/h at 90 kW | approx. 105 km/h; 110 km/h at 90 kW |
| **Cruising range:** | approx. 500 km (70 l tank) | approx. 750 km (110 l tank) | approx. 500 km (70 l tank) |
| **Gradeability:** | > 80 % | > 80 % | > 80 % |
| **Fording depth:** | min. 700 mm | min. 700mm | min. 700 mm |
| **Ground clearance:** | min. 351 mm | min. 351 mm | min. 351 mm |
| **Angle of approach/departure:** | min. 37°/38° | min. 37°/38° | min. 37°/38° |
| **with rear underride protection** | min. 37°/38° | min. 37°/31° | min. 37°/31° |
| **Turning circle:** | 13 m | 14 m | 14 m |
| **Tires:** | 10 R 17,5 / 9.00 R 16 | 10 R 17,5 / 9.00 R 16 | 10 R 17,5 / 9.00 R 16 |

**Important stations during checking and testing:**

- The Noriker on the hydropulse test bench (durability test)
- The Noriker in the fording pond
- The Noriker on rough terrain (desert)

Steyr-Daimler-Puch Fahrzeugtechnik

Energiewirtschaft, ebenso für Expeditionsfahrzeuge. Motoren und Getriebe stammen vom LT auf Basis des LT 50. Großserientechnik und auf den Zweck hin optimierte Geländeeigenschaften bilden eigentlich ein vielversprechendes Konzept.

In seiner Optik wirkt der Noriker schon allein wegen seiner Höhenmaße imposant. Statt der VW-Typbezeichnung trägt er einen Noriker-Schriftzug in der Leiste zwischen den Blinklichtern. Typisch für den Noriker sind auch die wuchtigen Kotflügel – und natürlich die Markenzeichen von Puch und Steyr, zusätzlich zum VW-Symbol am angestammten Platz im Grill. Auf Wunsch werden die Scheinwerfer gegen Steinschlag geschützt.

Neun Prototypen haben aufmerksame Beobachter der Szene gezählt – allein fünf von ihnen sind im Prospekt abgebildet. Weltweite Marktanalysen, vor allem im Bereich der Wehrtechnik, haben das Projekt begleitet und wohl auch zu seinem frühen Ende geführt.

## PIONIER AUS BAYERN

Ein Grund für die immer währende Diskussion, wann denn VW einen Allrad-LT bringt, liegt im schon ab 1979 angebotenen Vorläufer der Werksausführung, dem Umbau von Sülzer Fahrzeugbau im bayerischen Königsbrunn. Die Firma schuf mit dem LT 47 auf Grund des veränderten Gesamtgewichtes des Fahrgestells mit einfachem Fahrerhaus und verstärktem Chassis sogar einen eigenständigen Typ in der LT-Ahnenreihe. Den Kern des Umbaus bilden Achsen und Verteilergetriebe aus den USA. Die Vorderachse musste beim Umbau um 110 Millimeter nach hinten und der Antriebskopf der Vorderchase auf die linke Seite verlegt werden. Wie bei der werksseitig angebotenen 4x4-Version, ist auch hier der Allradantrieb zuschaltbar. Beide Achsen haben Differenzialsperren. Böschungswinkel, Wattiefe und die Bodenfreiheit (245 mm) sind günstiger als im späteren Werksallradler. Auch Sülzer wählt im Prinzip den Radstand 2950 mm, wenn auch durch die versetzte Vorderachse leicht auf 2880 mm reduziert. Das Programm findet durchaus Beachtung, besonders im Rettungswesen. Es gibt sogar eine Lizenzproduktion bei de Vries in den Niederlanden – offiziell von Importeur Pon geführt. Die Internetseite www.busman.be berichtet von 156 Sülzer-LT, Lizenzbauten kommen noch hinzu.

## DAS ULTIMATIVE RALLYEABENTEUER

Die Antwort klang nicht schlecht: „Ein Auto könnt Ihr haben." Gefragt hatte Teamchef Peter Seikel bei Volkswagen Nutzfahrzeuge, was man von einem Einsatz eines LT bei der legendären Rallye Paris-Dakar halte. Das war also der Startschuss: Der LT 45 mit Doppelkabine aus Werksbeständen, lackiert in Kommunal-orange, war schnell von Hannover nach Freigericht bei Hanau transportiert, Seikel und seine Mannschaft machten sich an die Arbeit. Das Motorsportprogramm des Hauses Seikel bestand zu diesem Zeitpunkt eigentlich aus Einsätzen bei Tourenwagenrennen mit und für Audi. Aber seit Peter Seikel, Jahrgang 1948, im Jahre 1985 zum ersten Mal die Paris-Dakar gefahren war (zusammen mit Co-Pilot Blos Bernard und Mechaniker Gérard Thevenod auf einem Mercedes 280 GE), hatte ihn das Thema der extremen Langstreckenrallye nicht mehr losgelassen.

Für die Paris-Dakar-Ausgabe 1988 – sie führte seinerzeit wirklich noch von Paris nach Dakar – wurde nun der LT präpariert. Tatsächlich ist die Liste der Arbeiten gar nicht so lang: Höherlegung, doppelte Stoßdämpfer, größere Reifen, größerer Tank, dazu eine leistungsfähige Kompassanlage (Navigation im heutigen Sinne gab es noch nicht) und die vorgeschriebene Sicherheitsausstattung samt Schutzgitter und Zusatzlampen. Motor und Antrieb blieben dagegen serienmäßig! Doppelkabine und Pritsche boten genügend Platz für die zwei Fahrer und einen Mechaniker. Alles war präpariert für das große Abenteuer, Prolog und die Etappen durch Europa waren ohnehin kein Problem, auch in Nordafrika ließ es sich gut an. Aber dann das Pech: In Südalgerien erkrankte der zweite Fahrer, Seikel musste mit intaktem Auto umkehren.

Die Rallye-Episode mit dem LT wäre also gar nicht so bemerkenswert gewesen, hätte es nicht eine Fortsetzung mit glücklichem Ende gegeben. Seikel meldete im selben Jahr bei der Rallye du Tunisie in der Lkw-Wertung. Und was geschah? Er gewann! Ganz knapp vor den um ein vielfaches stärkeren großen Rallye-Trucks kam das Team ins Ziel. Diesmal sollte das Glück treuer Begleiter sein: Eine sehr enge Ortsdurchfahrt konnte der LT mit eingeklappten Seitenspiegeln gerade so passieren, die folgende Meute der großen Trucks musste umkehren und sich einen Weg außen herum suchen. Der zusammengeschmolzene Vorsprung wuchs wieder an und reichte aus, um die Gesamtwertung in der LKW-Klasse für sich zu entscheiden.

Noch mehr als im Off-Road-Bereich war Peter Seikel früher auf der Rundstrecke zu Hause, als Rennfahrer, Entwickler und Teamchef. Er bestritt nicht weniger als 59 24-Stunden-Rennen in aller Welt, 32 davon als Fahrer. Höhepunkt seiner Karriere

■ Teamchef Peter Seikel heute: Nach zahlreichen Einsätzen im internationalen Motorsport baut der Siebzigjährige Gelände-Spezialausführungen für VW und engagiert sich für Hilfsprojekte in Afrika.

■ Probelauf: Der für den Rallye-Einsatz vorbereitete LT bei einer Wasserdurchfahrt auf einem Testgelände.

war der Sieg in der GT-Klasse beim legendären 24-Stunden-Klassiker in Le Mans im Jahre 2001. Neben dem siegreichen Fahrertrio Luca Drudi (I)/ Fabio Babini (I)/Gabrio Rosa (I), die auf ihrem Porsche 996 GT3 RS zugleich den sechsten Platz im Gesamtklassement belegten, erreichten auch die Teamkollegen auf dem zweiten eingesetzten 996 als Gesamtzwölfte das Ziel.

Heute bietet sein 15 Mitarbeiter starkes Unternehmen Off-Road-Optimierung für VW Amarok und den T6 an, eine Kooperation, die auch immer wieder kleinere Entwicklungsaufträge für Volkswagen Nutzfahrzeuge mit sich bringt. Die Faszination der Marathonrallyes hat Seikel also nicht mehr losgelassen und ist letztlich bis heute Geschäftsgrundlage seines Unternehmens. Den siegreichen LT 45 musste Seikel übrigens nach der Tunesien-Rallye zurückgeben, er war nur geliehen. Heute gehört er zum Museumsfundus von VW Nutzfahrzeuge. Und noch eine Nachbemerkung: Dem afrikanischen Kontinent ist Peter Seikel bis heute eng verbunden: Er unterstützt verschiedene Projekte im Rahmen „Hilfe zur Selbsthilfe".

Es gibt übrigens noch einen weiteren LT im Bestand des VW-Museums, der an der Rallye Paris-Dakar teilgenommen hat. Schon 1982, als es noch keine Allradler ab Werk gab, baute der Niederländer de Vries einen LT 40 mit Doppelkabine auf Grundlage der Technik von Sülzer auf. De Vries fuhr damit als Begleitfahrzeug für ein Yamaha-Motorradteam und nahm auch an der Lkw-Wertung teil. Das erste Vorhaben gelang gut, das zweite war weniger erfolgreich – und zwar aus einem kuriosen Grund: Ersatzteile für die Rennmotorräder waren reichlich an Bord, solche für den LT allerdings nicht. Er kam deshalb mit abgefahrenen Reifen ins Ziel und wurde disqualifiziert! 1994 wiederholte de Vries die Rallye-Aktion.

■ Die Ausgangsbasis: Das potenzielle Einsatzfahrzeug kam vom Werk als Vorführwagen in kommunal-orange zu Peter Seikel.

■ Für einen Truck ist der LT ziemlich klein – genau das wurde in Tunesien zum großen Vorteil für das Rallye-Team.

■ Das Siegerauto unterwegs: Der LT von Peter Seikel auf der Tunesien-Rallye im Jahr 1988.

# 8 SCHÖNER FAHREN UND WOHNEN
# DER LT ALS MOBILES FREIZEITVERGNÜGEN

Die Eignung des Fahrgestells als Basis für Aufbauten, die hohe Strapazierfähigkeit und Langlebigkeit der Baureihe genügen nicht, um die Popularität des LT als Basis für Wohnmobile zu erklären. Diese Fahrzeugeigenschaften sind ja auch die ausschlaggebenden Kriterien für Handwerker und Händler, für die Feuerwehr und für Busunternehmer. Beim Wohnmobil steht ganz klar die Fortbewegung im Mittelpunkt: Die Weltenbummler sind zum Vergnügen unterwegs, deshalb sind ihnen das gute Fahrwerk und die geringe Defektanfälligkeit des LT so wichtig – bis heute. Sie bewegen einen Youngtimer, dem man in puncto Fahreigenschaften sein Alter nicht unbedingt anmerkt.

Der LT erschien Mitte der 1970er Jahre genau zum richtig Zeitpunkt für die boomende Wohnmobilszene. Die Branche wuchs rasant, dank der hohen Verbreitung der Modelle T1 und T2 – ab 1979 dann auch der T3 – sowie anderer Transporter dieser Klasse wie Ford Transit oder Bedford erwachte bei der finanziell immer besser gestellten Kundschaft das Verlangen nach größeren Fahrzeugen. Fahrgestelle von Mercedes-Benz aus der Baureihe 406 bis 410 und auch der größeren Ford Transit boten sich an – und eben der LT. Der war topmodern und hatte genau die richtigen Dimensionen – vor allem im Radstand von 2950 mm. Je größer und damit schwerer allerdings die Aufbauten wurden, umso mehr hatten die Motoren ihre liebe Mühe mit dem Wohnmobil, selbst die Turbodiesel zeigten sich überfordert.

Im Nachhinein ist aus heutiger Sicht kaum noch nachvollziehbar, wer alles auf dem LT seine Wohnmobilaufbauten gesetzt hat. Die Übersicht an dieser Stelle kann also folgerichtig nicht vollständig sein. Dazu kommt der ebenfalls seit den 1970er Jahren populäre Trend zum Selbstausbau: Von der improvisierten Heimwerkerkunst bis zum genormten Bausatz hat alles Platz gefunden im LT. Und ist bis heute anzutreffen. Denn eine Szene im Sinne begeisterter Old- oder Youngtimerfreunde findet sich vor allem rund um das Wohnmobil – und das sehr intensiv. Hier wird das Erbe des LT gepflegt, die Treffen der Szene ergeben eine bunte und sehr individuell geprägte Schau zu 40 Jahren Wohnmobile. Hier eine kleine Auswahl:

**■ Der LT eignete sich von Anfang an als Topfahrgestell für Wohnmobile: Auch für hohe Aufbauten wie bei diesem frühen Westfalia bietet er gute Voraussetzungen.**

## BISCHOFBERGER

Einer der ganz frühen Anbieter von Reisemobilen auf dem Volkswagen LT war der VW- und Audi-Händler Bischofberger im baden-württembergischen Backnang. Dort entstanden von 1972 bis 1986 Wohnmobilaufbauten in der Alkoven-Aufteilung, anfangs montiert auf dem VW T2 und sogar auf großen Limousinen wie dem Audi 100 oder der S-Klasse von Mercedes-Benz. Der neue LT in seinen Verkaufsräumen ließ Helmut Bischofberger nun an größere Volumina denken und so entstand 1977 ein Prototyp. Und genau der ist heute noch in der LT-Szene präsent! Claudia und Peter Woth aus Moers haben es sich zur Aufgabe gemacht, diesen besonderen LT 28 zu pflegen und zu erhalten – und ihn dabei auch regemäßig auch zu fahren.

Fast alles ist original geblieben, nur die Scheibe vorn im Alkoven ist durch eine Blende ersetzt worden. Der Innenraum bietet eine großzügig bemessene Hecksitzgruppe, noch original mit Kunstleder ausgeschlagen – eine Seltenheit in Wohnmobilen. Die Lage des Doppelbetts im Alkoven über dem Fahrerhaus erfordert einiges Geschick beim Aufstieg – die Höhe zwischen Bett und Decke ist ausgesprochen knapp bemessen. Dabei überragt der Alkoven-Aufbau die übrige Dachlinie deutlich. Zwei weitere Betten ergeben sich aus der Sitzgruppe.

In Auftrag gegeben hat Bischofberger den Prototypen bei der britischen Firma Hilton Motorhomes auf der Isle of Man, die ihn später dann auch selbst vermarktete. Bei Bischofberger steht er als Hilton XL in der Preisliste vom April 1978 mit 44.885 DM für das Komplettfahrzeug. Davon entfallen 26.490 DM auf den Wohnmobilaufbau.

Als weitere Variante ist auch der „einfache" Typ Hilton erhältlich, ebenfalls auf Basis des VW LT 28, aber mit 2500 mm Radstand und im Unterschied zum XL mit anderer Sitzgruppe: Der kürzere Hilton hat sie hinter dem Fahrerhaus, die Hochschränke wie im größeren XL entfallen hier.

Bischofberger bot außerdem den Typ Kranich auf LT-Basis an. Dieser verfügte über ein deutlich höheres Alkoven-Abteil und war sogar mit einem verlängerten Fahrgestell lieferbar.

Die süddeutsche Firma blieb nach Einstellung der Wohnmobilfertigung bis 1994 VW-und Audi-Händler. Heute kümmert sich ein Nachfolgebetrieb um die Vermarktung des ehemaligen Betriebsgeländes.

■ Entwicklungsstufe zwei der Bischofberger-Aufbauten: Mehr Eleganz im Dachbereich prägt das Erscheinungsbild.

■ Der größere der beiden Hilton-Typen von Bischofberger bietet die Hecksitzgruppe.

■ Viel Platz am Familientisch und eine gediegene Ausstattung. Beachtenswert ist die für Reisemobile eher ungewöhnliche Verwendung von Kunstleder.

## KARMANN

Klangvoll hallt der Name Karmann nicht nur in der Automobilwelt, sondern auch in der Wohnmobil-Szene. Allerdings im Gegensatz zur Automobilsparte existiert der traditionsreiche Name auf dem Wohnmobilmarkt auch heute noch: Im Jahre 2005, vier Jahre vor der Übernahme des Osnabrücker Stammbetriebs durch Volkswagen im Zuge einer Insolvenz, ging die Wohnmobilsparte an den Reisemobilkonzern Trigano.

Die Geschichte der Karmann-Wohnmobile reicht weit zurück: In den 1970er Jahren trug der Volkswagen T2 den ersten Aufbau der Osnabrücker. Schnell kam bei Karmann dann der LT als großer Volkswagen und Alternative zu verschiedenen Mercedes-Modellen zum Zuge. Die erste LT-Version hörte auf den Namen Karmann Mobil Gipsy M; seine Maße: 5620 mm (Radstand 2950 mm) lang und 2700 mm hoch. Der Aufbau bestand aus einem Holzgerippe, das mit einer Sperrholzplatte, einer Styroporschicht und mit Aluminiumblechen eine Einheit bildete. Fünf Schlafplätze lockten ebenso wie die hochwertige Ausstattung. Der Preis für den LT 28 im Jahr 1981: 23.587 DM zuzüglich 23.882 DM für das Basisfahrzeug, zusammen 47.469 DM – dafür gab es theoretisch auch dreieinhalb gut ausgestattete VW Golf. Mit den Distance-wide-Modellen hatte die Marke in den 1990er Jahren ihren ganz großen Erfolg mit dem LT. Den Höhepunkt bildete 1994 der Typ Distance Gold. Bis heute sind gerade diese Modelle in der LT-Szene hochbeliebt und häufig vertreten (siehe auch folgende Seiten).

■ Den Sinn für Humor kann man der LT-Szene nicht absprechen …

■ Nicht zu groß, nicht zu klein – der weit verbreitete Distance wide von Karmann traf und trifft die Bedürfnisse vieler Wohnmobilsten.

■ Am Ziel angekommen – Fahreigenschaften des LT und Ausmaße des Aufbaus erlauben auch das Fahren auf etwas abgelegenen Wegen.

■ Die 1990er Jahren lassen grüßen: Karmann-Schriftzug und das geliftete LT-Gesicht verkörpern eine klare Designsprache.

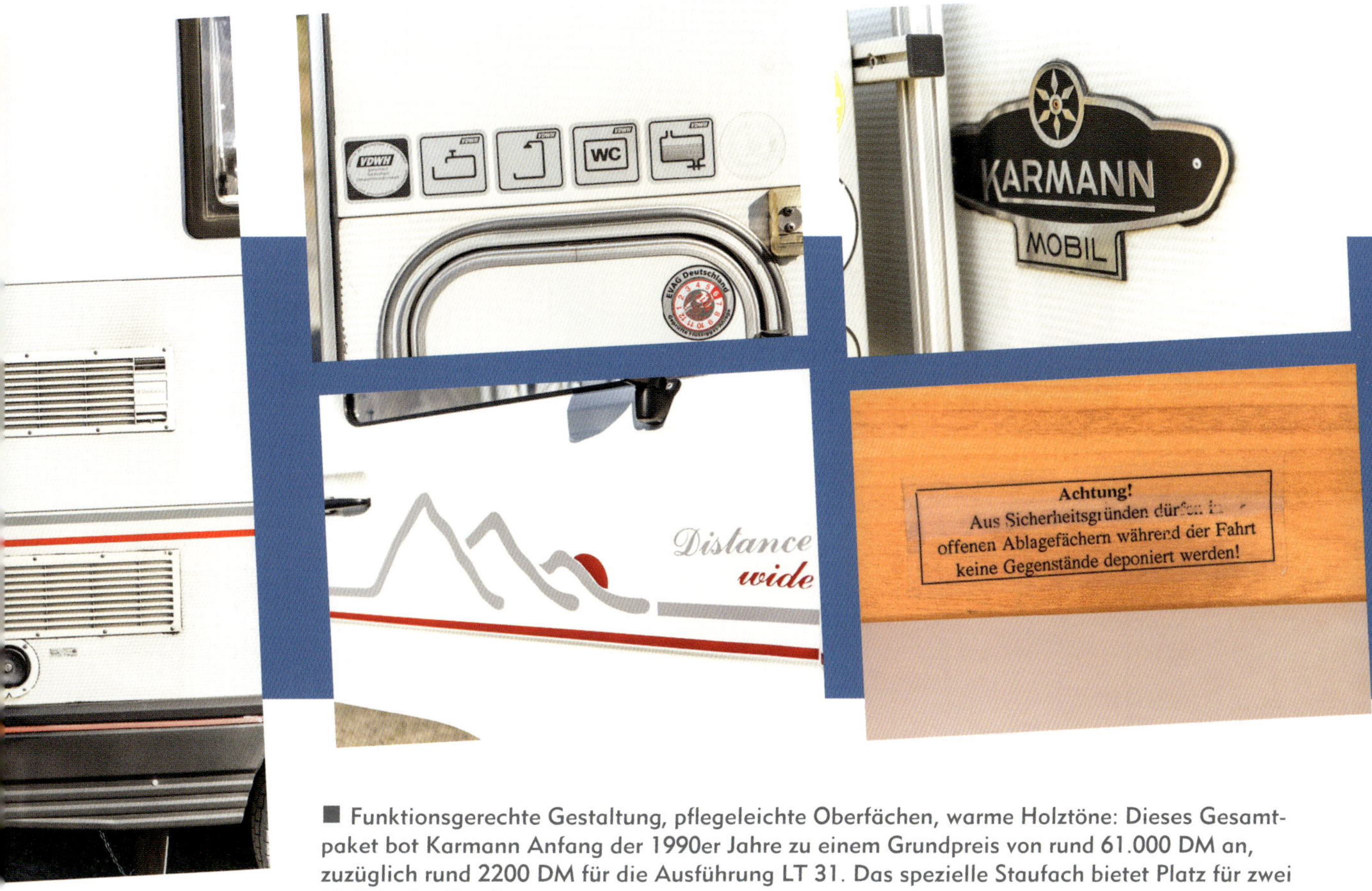


■ Funktionsgerechte Gestaltung, pflegeleichte Oberfächen, warme Holztöne: Dieses Gesamtpaket bot Karmann Anfang der 1990er Jahre zu einem Grundpreis von rund 61.000 DM an, zuzüglich rund 2200 DM für die Ausführung LT 31. Das spezielle Staufach bietet Platz für zwei 11-Kilo-Gasflaschen.

■ Haus auf Rädern: Der Distance wide in der langen Version. Wer mit sechs Betten unterwegs ist, muss größer denken und lenken …

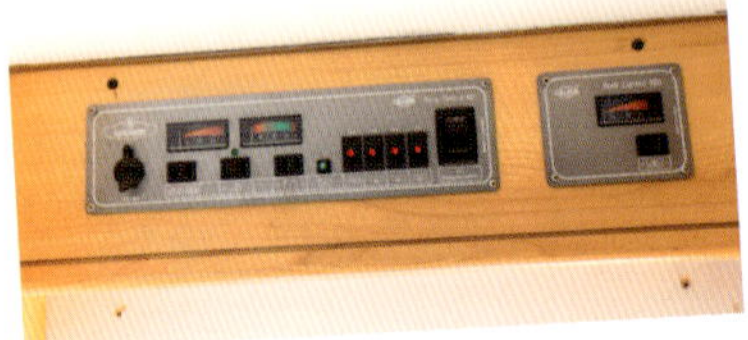

■ Großzügig bemessen und klug durchdacht: Die Küchenzeile unter dem Fenster, Schränke für die Nische und der mit Sicherheitsgurt ausgestattete Sitzplatz. Oben angebracht ist die Bedieneinheit für die Bordelektrik.

■ Gemütlichkeit für unterwegs: Tisch und das hintere Doppelbett bilden ein wohnliches Ambiente.

■ Das gefällt: Bequemer Aufstieg in das Alkovenbett und der Kühlschrank (fast) in Griffweite.

## NIESMANN

Wenn es um die Oberklasse bei Reisemobilen geht, fällt sofort der Name Niesmann. Der aus dem Koblenzer Raum stammende Spezialist hat sich ab 1981 mit großen und luxuriösen Wohnaufbauten nachhaltig einen Namen gemacht und schreckte dabei auch vor Lkw-Fahrgestellen bis 12 Tonnen Gesamtgewicht als Basis nicht zurück. Orientiert hatte sich die Firma dabei an US-Reisemobilen, die sie auch früh nach Deutschland importierte. Daraus resultierte die Eigenentwicklung namens Clou, für die das LT-Fahrgesell die eher kleine Variante darstellte. In der Szene aber sind sie Stars und heute echte Raritäten. Die Aufbauten erweisen sich bis heute als so robust, dass sie sogar ein LT-Fahrgestell überdauern können. Aufgebaut wurden die Clou-Modelle auf LT 35, LT 40, LT 45, LT 50 und LT 55, mit Radständen von 3650 mm oder 2950 mm. Auf eine stattliche Länge von 7770 mm bringt es das lange Mobil; sechs Betten, vier einzelne nach Umbau und das Doppelbett im Alkoven, bieten beeindruckende Möglichkeiten der Platzgestaltung. Hier lässt sich bestaunen, wie bequem auch im Alkoven diese Schlafplatzanordnung sein kann, denn es ist buchstäblich Luft nach oben. Auch die Stehhöhe im Clou ist beachtlich, denn man hat das Gefühl, tatsächlich im Wohnzimmer unterwegs zu sein. Das gilt genauso für die Clou-Variante auf dem kleineren Radstand. Zum Problem kann die Belastung der Motoren werden, da die Aufbauten leer schon fünf Tonnen wiegen und manch ein Urlauber dennoch verleitet ist, es gern zu flott angehen zu lassen. Niesmann und Bischoff, wie die Firma seit 1991 heißt, ist immer noch auf dem Wohnmobilmarkt aktiv. Als Bestandteil der Hymer-Group baut sie in Polch bei Koblenz Integral-Wohnmobile.

■ Frank Albers aus Guderhandviertel bei Stade hat sein Wohnzimmer immer dabei.

■ Niesmann Clou aus dem Jahr 1987 auf einem LT 40: Wie in ihrer aktuellen Zeit genießen die hochwertig verarbeiteten Wohnmobile auch heute noch einen sehr guten Ruf in der Szene.

■ Edle Materialien und viel Platz selbst unter dem Dach. Beim LT-Freund aus Norddeutschland darf natürlich die Schiffsglocke nicht fehlen.

■ Niesmann und Bischoff – ein klangvoller Name in der Wohnmobilszene. Dieser Clou auf dem Fahrgestell des LT 40 stammt aus dem Jahr 1983 und fährt mit H-Kennzeichen.

## CAMPING MÜNZ

Die Eignung des LT als Wohnmobil hat für eine breit aufgestellte Szene der Auf- und Ausbauer gesorgt. Viele große Namen der Wohnmobil- und Wohnwagenbranche sind darunter, aber auch kleinere Firmen haben sich anregen lassen – zum Beispiel Camping Münz in Rheinbach, bis heute ein fester Begriff unter den LT-Wohnmobilfreunden. Alfons Münz, aus einer Stellmacherfamilie stammend, erkannte in den späten 1970er Jahren den Bedarf an individuell ausgebauten Campingbussen und gründete 1977 seine eigene Firma, die 1983

■ Peter-Josef Münz, Bruder des Firmengründers Alfons Münz, schwärmt heute noch von der Zeit mit den LT-Wohnmobilen.

■ Der Weg nach vorn ist relativ bequem, für die verbleibende Stufe ist die Motorlage verantwortlich.

■ Die herausnehmbare Wohnzimmergarnitur in einem Ausbau von 1992.

in größere Räumlichkeiten nach Rheinbach umzog und unter neuer Leitung heute noch existiert.

Der Verkauf fertiger Bausätze und der kompletten Innenausstattung lag voll im Trend der Zeit, am liebsten alles selbst zu machen. Gebrauchte Basisfahrzeuge, auch anderer Marken, bildeten die Grundlage für ein günstiges und dazu individuelles Angebot. Und das passt sehr gut zur heutigen Szene der LT-Freunde, die ihre Schätzchen mit viel Einsatz und Eigenarbeit am Leben halten.
Spontan und individuell setzte Münz neue Ideen um, so wie das Klappbett im oberen Bereich oder den Einbau eines Druckwasserspeichers im Heck mit 150 Litern Fassungsvermögen für die Dusche. Der Wohnzimmerschrank wurde herausnehmbar konstruiert, um Transportraum für den Alltag zu schaffen. Großen Wert legte der Tüftler Münz auf den bequemen Durchgang nach vorn. Natürlich war die Familie Münz mit ihren Wohnmobilen auch viel selbst unterwegs – die permanente Dauererprobung erbrachte die besten Ideen. So baute Peter-Josef Münz, der Bruder von Alfons Münz, im Laufe der Jahre acht LT-Wohnmobile eigenhändig auf. Jedes Fahrzeug fiel anders aus, bei jedem gab es Neues auszuprobieren – die Tüftelei hört eben niemals auf.

■ Ein LT 28 von Camping Münz mit individuell gestaltetem Hochdach.

## WESTFALIA

Die Entwicklung der Wohnmobile und speziell derer auf VW-Fahrgestellen hat kein Hersteller so begleitet und gestaltet wie Westfalia in Rheda-Wiedenbrück. Die ersten Exemplare erschienen natürlich auf Basis des T1, allein die Ahnengalerie der VW-Transporter mit Westfalia-Aufbauten würde Stoff für ein umfangreiches Kapitel abgeben. Und auch der LT kann als Westfalia-Umbau mit seinem kleinen, erfolgreichen Bruder durchaus mithalten. Sven Hedin, der Name des berühmten schwedischen Forschers und Weltreisenden, ist auch in der LT-Szene Legende. Denn der Sven Hedin von Westfalia erschien 1977 und war das erste Wohnmobil überhaupt mit Dusche. Zusammen mit dem Typ James Cook auf einem Fahrgestell von Mercedes-Benz erreichte Westfalia Rekordstückzahlen. Nachfolger wurde das Modell Florida, gebaut von 1989 bis 1996 und heute noch in großer Zahl erhalten. Westfalia konnte aber auch einfacher: Wohnmobile zum Selbstausbau wie der Typ Mosaik gehörten ebenfalls dazu. Die ersten Camper auf LT waren schon 1975 auf den Markt gekommen, kurze Zeit später folgten die Typen Salzburg und Como. Westfalia ist bis heute präsent mit einem großen Angebot von Wohnmobilen.

■ Der Florida von Westfalia wird als Mammut in der Grundfarbe Grün angeboten.

■ Wohnmobil zum Selbstausbau: Der Westfalia Mosaik kam 1978 und erfüllte zehn Jahre lang die Träume der Reiselustigen mit kleinerem Geldbeutel.

■ Ein Klassiker unter den LT-Wohnmobilen: Der Florida von Westfalia.

■ Jeder Zentimeter zählt: Oberschränke in der Küche, voll nutzbarer Dachgepäckträger und ausreichend große Toilette.

■ Campingleben und Stil passen durchaus zusammen – Einladung zum Dinner im Florida.

■ Dass dieser Florida, Baujahr 1991, trotz seines Alters so gut dasteht, dafür sorgt sein Besitzer Jörg Ohlenforst. Zuletzt wurde die Markise erneuert, ein Zubehörteil, das seinerzeit für rund 1500 DM in der Aufpreisliste stand.

■ Mehr Tageslicht dank großer nicht serienmäßiger Dachluke.

■ Hilfreich: Der bequeme Durchstieg nach vorn.

■ Schaltzentrale: Strom und Heizung auf einen Blick.

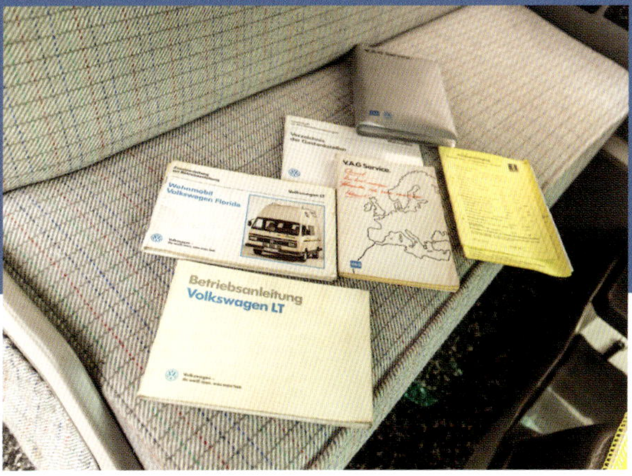


■ Nostalgie und Ratgeber: Originalliteratur zum Florida.

## EIGENAUSBAUTEN

Wie kann man den Reiz des Wohnmobils noch steigern? Gerne in Form eines geländegängigen Exemplars. So etwas kann man natürlich neu bei Spezialisten kaufen, oder man kann nach einem Einzelstück aus der aktiven LT-Zeit Ausschau halten. Die Alternative dazu: selber bauen. Das haben Sigrid und Andreas Woltering erfolgreich umgesetzt. LT-Erfahrung haben sie reichlich, denn der 4x4 ist bereits ihr sechster. Und gefunden haben sie ihr Traumauto ganz zufällig. Der LT 45 4x4 war nach einem anstrengenden Arbeitsleben in den Niederlanden, wo er zum Einziehen von Kabeln eingesetzt wurde, schon abgestellt, als ihn Andreas Woltering im Vorbeifahren erspähte. 2004 bauten die Wolterings ihn auf. Bei Wänden und Dach handelt es sich um industriell gefertigte Teile, aber innen ist alles Eigenbau. Bett, Dusche, Küche haben reichlich Platz, Hund Amy fühlt sich ebenfalls so wohl wie seine Besitzer. Die Reisen im LT bieten in dieser Form ganz andere Möglichkeiten. Übrigens sind den Wolterings die 102 PS des Turbodiesels nicht zu wenig. Mehr als einst der Kabelleger hat der LT 45 jetzt auch nicht zu schleppen.

■ Sigrid und Andreas Woltering freuen sich über ihre Errungenschaft.

■ Wenn man will, geht auch die Übernachtung in schwierigem Gelände – LT 4x4 als Eigenbau-Wohnmobil.

■ Für ein derart geländegängiges Fahrzeug sind auch extrem schlechte Straßenzustände auf der nächsten Fernreise kein größeres Problem.

■ Geländewagen-Feeling pur: Die großdimensionierten Räder finden unter Kotflügelverbreiterungen ihren Platz, das Fahrwerk bietet ausreichend Federweg.

■ Originell unterwegs: Dieser 4x4-LT dient einer dreiköpfigen Familie als Urlaubsdomizil.

Günstige gebrauchte LT bekommt man bei der Feuerwehr – das weiß die Szene durchaus zu schätzen. Leider aber nutzte und nutzt die Feuerwehr selten die begehrten Hochkastenwagen. Rettungsdienste taten dies umso häufiger, aber deren Einsatzwagen zeigen sich beim Ende der Dienstzeit oft verschlissen. Wohl dem, der darunter die Ausnahme findet. So wie der LT-Freund, der beim nur 47.000 km gelaufenen Rettungswagen aus dem Jahr 1975 zugriff. Warum so wenig in so langer Zeit? Der bei Miesen in Bonn ausgebaute LT 31 der ersten Stunde lief im Werkschutz und konnte dort offenbar eine ruhige Kugel schieben, wenngleich man natürlich bei solchen Fahrzeugen nie weiß, wie viele Einsatzstunden ohne Fahrt hinzugekommen sind. Jedenfalls gab es den fast komplett ausgestatteten Rettungswagen für 1500 Euro! Fast schauert es den Betrachter, wenn er die Aufschrift der Notfallkoffer liest – gut, dass so etwas wie Notamputationen jetzt nicht mehr vorkommt in diesem Auto.

■ Ein LT der ersten Stunde hat als wenig genutzter Rettungswagen überlebt.

■ Gut schlafen neben dem chirurgischen Besteck? Die Koffer sind zum Glück leer, ein Notfall ist nicht mehr zu erwarten.

Rettungswagen als selbst ausgebaute Wohnmobile haben einen großen Vorteil: Sowohl die seitliche Schiebetür wie auch die Hecktüren reichen bis ganz nach oben, bequemer kann vor allem der seitliche Zugang nicht sein. Beim LT 31, Baujahr 1994, ist „System Strobel", eine heute noch aktive Firma, per Aufkleber deutlich sichtbar vermerkt. Die leistungsfähigen Leuchtstoffröhren an der Dachunterkante, der Stuhl für den behandelnden Arzt und die Trennwand erinnern noch an den früheren Einsatzzweck. Ansonsten ist in dem LT mit mittlerem Radstand viel Raum für individuelle Gestaltung, und den haben die heutigen Eigner voll genutzt.

■ Vorteil Rettungswagen: Die Schiebetür reicht bis ins Dach, der Einstieg ist bequem.

■ Hochwertige Leuchtstoffröhren aus der aktiven Dienstzeit des LT verbinden sich mit höchst individueller Ausgestaltung.

Einen absolut raren Krankenwagen hat sich Thomas Zacharias aus Alzey an Land gezogen.
Er erstand einen 1986 nach Dänemark gelieferten Militärkrankenwagen. Sehr viel hatte dieser nicht zu tun, nach 25 Dienstjahren standen nur 30.000 km auf dem Zähler. Seit 2011 hat Zacharias weitere 32.000 km hinzugefügt. Die Ausstattung bewährt sich auch zivil, die zwei Liegen sind zu gebrauchen, die Standheizung ohnehin. Obwohl dieser LT wie ein Allradler aussieht, hat er doch nur Hinterradantrieb. Allerdings ist das Fahrzeug höher gelegt und mit einer Differenzialsperre ausgestattet.

■ Besitzer Thomas Zacharias hat in relativ kurzer Zeit die Laufleistung des 31 Jahre alten LT verdoppelt.

■ Gut überstanden hat der hier gezeigte LT 35 seine Zeit als Rettungswagen der dänischen Armee. Sein zweites Leben hat gerade erst begonnen.

■ Krankenliege, Behandlungstisch und Kochstelle – Gegensätze vertragen sich, wenn man unkonventionell auf Tour geht.

## EINER VON FÜNF ...

*Eine echte Rarität stellen integrierte Wohnmobile auf Basis des LT dar. Die Vorteile des Fahrgestells mit Kabine ab Werk und die Möglichkeit des Schlafplatzes über dem Fahrerhaus hat sich ganz klar durchgesetzt. Ein paar Hersteller wagten sich aber dennoch an die integrierte Lösung: Kein geringerer als der für luxuriöse Integralaufbauten bekannte Hersteller RMB hat ein solches Modell aufgelegt. Nach Informationen aus der Szene ist es bei fünf Einheiten des hier abgebildeten Reisemobils geblieben. Dieses Exemplar auf Basis des LT 45 wurde 1999 gebaut. RMB genoss einen guten Ruf dank seiner gut isolierenden Aufbauten aus GFK und Aluminium. Inzwischen ist RMB in der Firma Frankia aufgegangen, die wiederum zum französischen Hersteller Pilote gehört.*

■ Ungewöhnlich, aber effizient: Zum Wohnmobil umgewandelter Kofferaufbau.

3

TESTJOURNAL

**KW-Wohnmobil VW-LT 28**

**Preis:** 30 000 Mark (mit Zubehör).
**Hersteller:** Karosseriewerke Weinsberg, 7102 Weinsberg
**Aufbau:** VW-LT-Hochraumkastenwagen mit Sperrholz-Innenverkleidung, Isolierung durch Styropor und Sillan-Einlage.
**Ausstattung:** Stromversorgung 12 und 220 Volt, zwei Batterien, Küchentheke mit Zweiflammen-Kocher, Spülbecken, Kühlschrank, Doppelfenster, elektrische Wasserversorgung, Sanitärzelle mit Waschbecken, Gasheizung, 20-Liter-Wasserkanister, Dachstaukästen, Kleiderschrank, Gebläse für Warm- und Kaltluft.
**Motor.** 1984 ccm, 75-PS-Benzinmotor, Leergewicht 2100 kg, Angängelast 1400 kg, Gesamtgewicht 2800 kg; oder 2710 ccm, 65-PS-Dieselmotor.

*Die Küchentheke ohne Ablage neben der Schiebetür ist schlecht plaziert. Beim Einsteigen tritt man leicht auf den Fußschalter der Elektro-Wasserpumpe (rechts).*

gibt es dort nur gegen Aufpreis. Stellfläche ist auch bei dieser Küche nirgends zu finden, und dabei hätte man Platz genug, wenn eine getrennte Abdeckung für Spüle und Zweiflammen-Gaskocher montiert wäre. Bei der elektrischen Wasserversorgung ist der Fußschalter ungeschickt plaziert; man tritt unwillkürlich darauf und schaltet somit die Wasserversorgung ein. Dadurch wird der ohnehin kleine 20-Liter-Frischwasservorrat unnötig schnell verbraucht – und der Schalter wird außerdem leicht beschädigt.

Bei allen drei Fahrzeugen ist für genügend Licht und gute Belüftung gesorgt. Große Dachluken gewährleisten zugfreie Frischluftversorgung und bringen außerdem genügend Oberlicht bei Tag. Bei Dunkelheit übernehmen im Weinsberger Wohnmobil und beim Westfalia-Camper zwei 220/12-Volt-Leuchten die Beleuchtung. Im Gérardmobil sind jedoch nur 12-Volt-Leuchten vorhanden. Der 220-Volt-Außenanschluß versorgt einen Transformator, der den Strom für die Bordversorgung auf 12 Volt tranformiert. Wir halten dieses italienische Umformersystem mit Batterieaufladung für keine gute Sache, weil es störanfällig und unpraktisch ist. Die Sitzgruppen sind bei allen drei Fahrzeugen für sechs Personen ausgelegt. Mit entsprechendem Zubehör ausgestattet, sind bei allen Fahrzeugen ebenso viele Schlafplätze vorhanden. Der Bettenbau ist bei allen Campern recht einfach, nirgends gibt es ein 'Polster-Puzzle'. Zu Loben ist auch die Qualität der verwendeten Schaumstoffpolster. Das feste Material vermittelt hohen Sitz- und Liegekomfort. Stauraum ist in jedem der drei Camper reichlich vorhanden. Beim Westfalia-Camper und dem von Weinsberg sind jedoch die Klappen der vorderen Dachstaukästen zu klein. Sperrige Gegenstände lassen sich dort leider nur schlecht verstauen, und andere Stauräume für große Gegenstände sind nicht vorhanden.

Wie alle Reisemobile unter 50 000 Mark – unsere Testwagen hatten einen Wert von 30 000 bis 35 000 Mark – sind auch die LT-Camper ein Kompromiß. Für längere Aufenthalte auf Campingplätzen sind sie kaum zu empfehlen; ohne Vorzelt sind sie zu klein, man muß jeden Abend Betten bauen und Fahrten zu irgendwelchen Ausflugszielen mit Bahn oder Autobus unternehmen. Für Touren ohne längere Campingplatzaufenthalte sind sie indes hervorragend geeignet.

*Text: Joachim Lepple*
*Foto: H.J. Schilder, J. Lepple*

*Beim Weinsberger Wohnmobil wird der Wohnraum durch die große Sitz- oder Liegefläche im Wagenheck beherrscht (unten).*

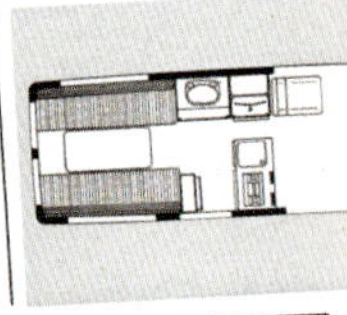

**Gérardmobil 350 VW Super**

| Plus | Minus |
|---|---|
| Großer Innenraum<br>Komplette Ausstattung<br>Große Duschzelle<br>90-Liter-Frischwassertank<br>Zwei Kurbelstützen | Kein 220-Volt-Bordstromne<br>Mit 221 cm Breite und 280 cm Höhe, Lkw-Abmessung<br>Kleiner Abwassertank<br>Umformersystem umständ |

**KW-Wohnmobil VW-LT 28**

| Plus | Minus |
|---|---|
| Große Sitzgruppe<br>Viel Stauraum<br>Starker Kühlschrank<br>Vielseitige Energieversorgung (12/220 Volt, Gas)<br>Billiger Grundpreis | Kleine Sanitärzelle<br>Kein Frischwassertank<br>Keine Ablagen in der Küc<br>Magere Grundausstattung<br>Keine Warmwasserversor<br>Kurbelstützen fehlen |

**Westfalia LT Como**

| Plus | Minus |
|---|---|
| Reichhaltige Ausstattung<br>Gute Raumaufteilung<br>Große Sanitärzelle<br>Heißwasserversorgung<br>Viel Stauraum<br>Gute Heizung und Lüftung<br>Bequeme Sitz-/Liegeflächen | Keine Kurbelstützen<br>Abwassertank schränkt Bodenfreiheit stark ein<br>Keine Ablage bei der S<br>Wasserleitungen aus mir rem Schlauchmaterial<br>Frischwassertank umstä lich zu füllen |

hobby Sonderheft Foto &Film

**Wertvolle Tips für Film-und Fotofan**

28

Auto

# VW-LT-Camper im Vergleich

Wer zwischen 30 000 Mark und 35 000 Mark für einen modernen LT-Camper aufbringen kann, steht gewiß nicht im Verdacht, zu den Ärmsten der Armen zu gehören. Die modernen Nomaden zwingt niemand dazu, mit ihren Fahrzeugen auf einem Parkplatz am Straßenrand zu nächtigen, anstatt im nächsten guten Hotel nach einer bequemen Bleibe zu suchen.

Es ist vielmehr ihr unverhohlener Spaß an Unabhängigkeit, großer Mobilität und unmittelbarer Naturverbundenheit, der immer mehr Menschen nach einem Campingbus rufen läßt. Hinzu kommt auch der nicht zu unterschätzende Vorteil, unterwegs immer 'zu Hause zu sein' und auch am entferntesten Reiseziel stets in den eigenen vier Wänden wohnen und schlafen zu können.

Seit es den VW-LT auf dem Markt gibt, hat sich das Angebot der Campingbusse und Reisemobile erheblich erweitert. Viele Hersteller, die seither hauptsächlich auf Opel-, Mercedes- oder Ford-Transit-Basis Campingbusse gebaut hatten, bieten nun auch den neuen VW-Lasttransporter (LT) in ihren Programmen an. Dieses sehr geräumige Fahrzeug mit vornliegendem Motor und Kardanwellenantrieb auf die Hinterachse bietet sich für den Ausbau zum Campingbus geradezu an. Da der LT auch als Fahrgestell mit Fahrerhaus offeriert wird, eignet er sich gut für den Aufbau von Spezialkarosserien. Als Antrieb für den VW-LT kann man zwischen einem wassergekühlten Vierzylinder-Benzinmotor mit zwei Liter Hubraum und 75 PS Leistung und einem Dieselmotor mit 2,7 Liter Hubraum und 65 PS Leistung wählen. Unsere drei Testwagen, ein Gérard-mobil, ein Campingbus der Karosseriewerke Weinsberg und einer von Westfalia, waren mit dem Benzinmotor ausgestattet und damit recht munter motorisiert, denn selbst die Großglocknerhochalpenstraße oder der steile Wurzenpaß wurden flott bezwungen. Der Benzindurst aller drei Testkandidaten hielt sich dabei in Grenzen: Keiner brauchte mehr als 15 Liter Normalbenzin auf 100 Kilometer. Selbst beim Ausnützen der vollen Motorleistung stieg der Verbrauch des teuren Pistensaftes nicht wesentlich an. Dabei bieten alle drei Fahrzeuge bei einem Gesamtgewicht von 2,8 Tonnen und einem sehr großen Frontquerschnitt nicht gerade ideale Voraussetzungen für sparsamen Benzinverbrauch. Das VW-Fahrwerk glänzte durch gute Straßenlage bei voller Beladung und einen guten Federungskomfort.

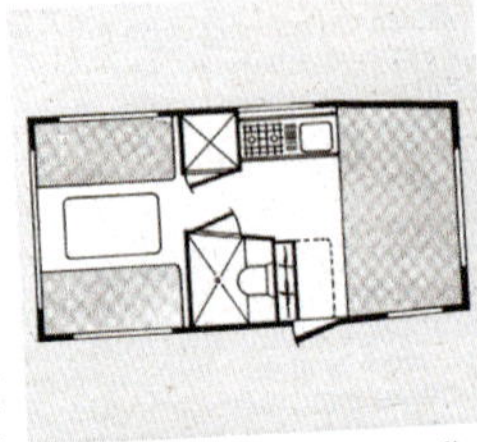

*Der Grundriß (oben) zeigt die große Liegefläche über dem Fahrerhaus. Die hintere Sitzgruppe wird für die Nacht mit wenigen Handgriffen zu einer Schlaffläche umgebaut.*

*Sehr reichhaltig ausgestattet ist die Küchenthek Selbst ein große Kühlschrank ur ein ausreichenc groß dimensionierter Ablauf f len nicht (oben links). Im Wasc raum (oben) si der Durchlaufe hitzer mit Dusc und das WC untergebracht bietet trotz ko pakter Bauwe viel Platz.*

1

■ Bericht aus hobby 20/1976

## LT-CAMPER IM PRESSESPIEGEL – VERGLEICHSTESTS IN DER ZEITSCHRIFT „HOBBY"

Dass *hobby* sich des Themas annahm, machte natürlich Sinn – fahren mit dem Wohnmobil war und ist eben eine anspruchsvolle Freizeitbeschäftigung, fast sogar mehr als ein Hobby. Die Zeitschrift war in den 1950er und 1960er Jahren eine Pflichtlektüre für alle Technikbegeisterten. Jetzt, zu LT-Zeiten, hatte sich die Berichterstattung dem Zeitgeist entsprechend versachlicht – das einst populäre Heft hatte da schon um seine Akzeptanz zu kämpfen. Heute entstehen Reprints mit der Substanz der alten *hobby*-Ausgaben.

2

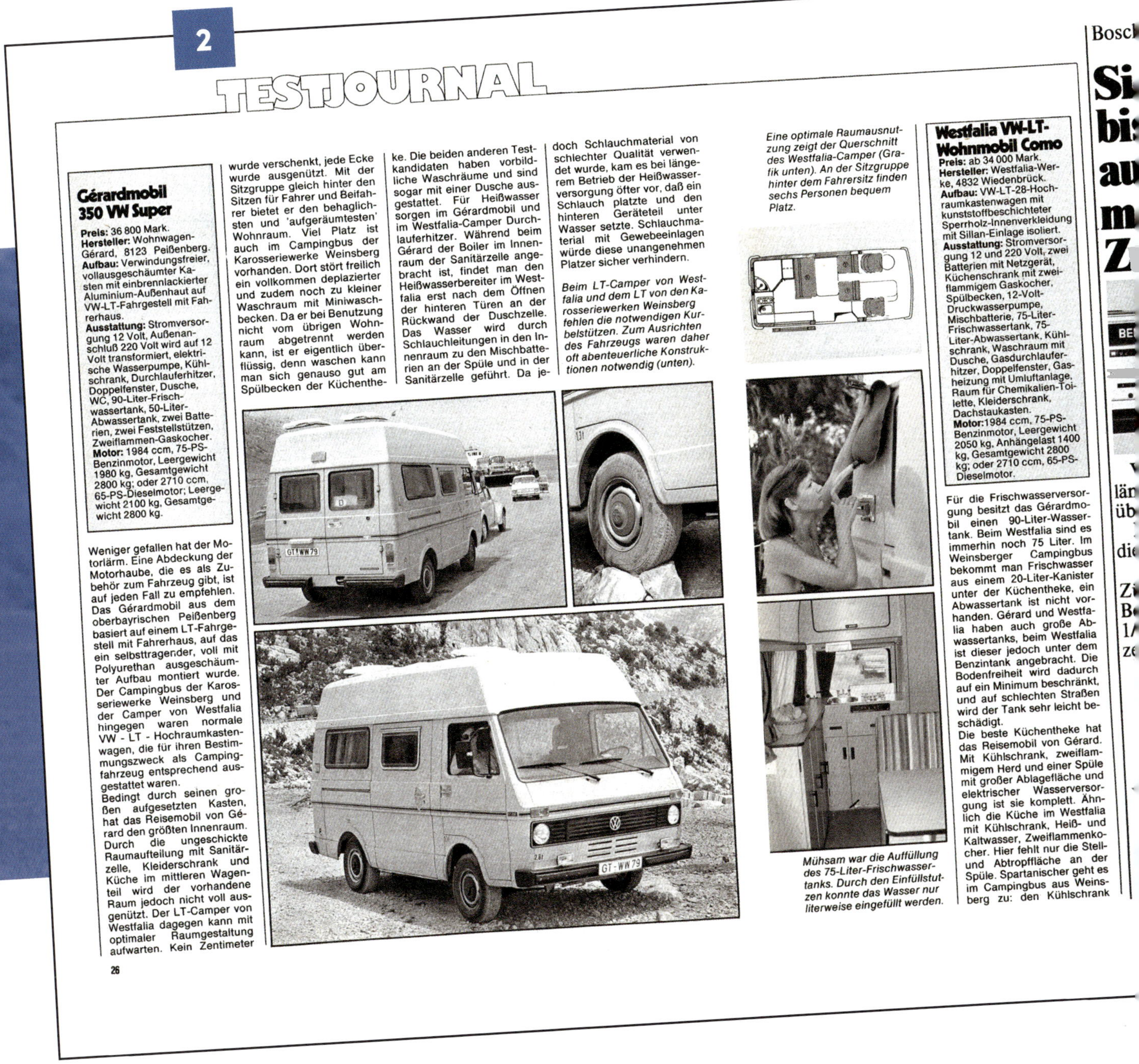

TESTJOURNAL

**Gérardmobil 350 VW Super**

**Preis:** 36 800 Mark.
**Hersteller:** Wohnwagen-Gérard, 8123 Peißenberg.
**Aufbau:** Verwindungsfreier, vollausgeschäumter Kasten mit einbrennlackierter Aluminium-Außenhaut auf VW-LT-Fahrgestell mit Fahrerhaus.
**Ausstattung:** Stromversorgung 12 Volt, Außenanschluß 220 Volt wird auf 12 Volt transformiert, elektrische Wasserpumpe, Kühlschrank, Durchlauferhitzer, Doppelfenster, Dusche, WC, 90-Liter-Frischwassertank, 50-Liter-Abwassertank, zwei Batterien, zwei Feststellstützen, Zweiflammen-Gaskocher.
**Motor:** 1984 ccm, 75-PS-Benzinmotor, Leergewicht 1980 kg, Gesamtgewicht 2800 kg; oder 2710 ccm, 65-PS-Dieselmotor; Leergewicht 2100 kg, Gesamtgewicht 2800 kg.

Weniger gefallen hat der Motorlärm. Eine Abdeckung der Motorhaube, die es als Zubehör zum Fahrzeug gibt, ist auf jeden Fall zu empfehlen. Das Gérardmobil aus dem oberbayrischen Peißenberg basiert auf einem LT-Fahrgestell mit Fahrerhaus, auf das ein selbsttragender, voll mit Polyurethan ausgeschäumter Aufbau montiert wurde. Der Campingbus der Karosseriewerke Weinsberg und der Camper von Westfalia hingegen waren normale VW - LT - Hochraumkastenwagen, die für ihren Bestimmungszweck als Campingfahrzeug entsprechend ausgestattet waren.
Bedingt durch seinen großen aufgesetzten Kasten, hat das Reisemobil von Gérard den größten Innenraum. Durch die ungeschickte Raumaufteilung mit Sanitärzelle, Kleiderschrank und Küche im mittleren Wagenteil wird der vorhandene Raum jedoch nicht voll ausgenützt. Der LT-Camper von Westfalia dagegen kann mit optimaler Raumgestaltung aufwarten. Kein Zentimeter wurde verschenkt, jede Ecke wurde ausgenützt. Mit der Sitzgruppe gleich hinter den Sitzen für Fahrer und Beifahrer bietet er den behaglichsten und 'aufgeräumtesten' Wohnraum. Viel Platz ist auch im Campingbus der Karosseriewerke Weinsberg vorhanden. Dort stört freilich ein vollkommen deplazierter und zudem noch zu kleiner Waschraum mit Miniwaschbecken. Da er bei Benutzung nicht vom übrigen Wohnraum abgetrennt werden kann, ist er eigentlich überflüssig, denn waschen kann man sich genauso gut am Spülbecken der Küchentheke. Die beiden anderen Testkandidaten haben vorbildliche Waschräume und sind sogar mit einer Dusche ausgestattet. Für Heißwasser sorgen im Gérardmobil und im Westfalia-Camper Durchlauferhitzer. Während beim Gérard der Boiler im Innenraum der Sanitärzelle angebracht ist, findet man den Heißwasserbereiter im Westfalia erst nach dem Öffnen der hinteren Türen an der Rückwand der Duschzelle. Das Wasser wird durch Schlauchleitungen in den Innenraum zu den Mischbatterien an der Spüle und in der Sanitärzelle geführt. Da jedoch Schlauchmaterial von schlechter Qualität verwendet wurde, kam es bei längerem Betrieb der Heißwasserversorgung öfter vor, daß ein Schlauch platzte und den hinteren Geräteteil unter Wasser setzte. Schlauchmaterial mit Gewebeeinlagen würde diese unangenehmen Platzer sicher verhindern.

*Beim LT-Camper von Westfalia und dem LT von den Karosseriewerken Weinsberg fehlen die notwendigen Kurbelstützen. Zum Ausrichten des Fahrzeugs waren daher oft abenteuerliche Konstruktionen notwendig (unten).*

*Eine optimale Raumausnutzung zeigt der Querschnitt des Westfalia-Camper (Grafik unten). An der Sitzgruppe hinter dem Fahrersitz finden sechs Personen bequem Platz.*

*Mühsam war die Auffüllung des 75-Liter-Frischwassertanks. Durch den Einfüllstutzen konnte das Wasser nur literweise eingefüllt werden.*

**Westfalia VW-LT-Wohnmobil Como**

**Preis:** ab 34 000 Mark.
**Hersteller:** Westfalia-Werke, 4832 Wiedenbrück.
**Aufbau:** VW-LT-28-Hochraumkastenwagen mit kunststoffbeschichteter Sperrholz-Innenverkleidung mit Sillan-Einlage isoliert.
**Ausstattung:** Stromversorgung 12 und 220 Volt, zwei Batterien mit Netzgerät, Küchenschrank mit zweiflammigem Gaskocher, Spülbecken, 12-Volt-Druckwasserpumpe, Mischbatterie, 75-Liter-Frischwassertank, 75-Liter-Abwassertank, Kühlschrank, Waschraum mit Dusche, Gasdurchlauferhitzer, Doppelfenster, Gasheizung mit Umluftanlage, Raum für Chemikalien-Toilette, Kleiderschrank, Dachstaukasten.
**Motor:** 1984 ccm, 75-PS-Benzinmotor, Leergewicht 2050 kg, Anhängelast 1400 kg, Gesamtgewicht 2800 kg; oder 2710 ccm, 65-PS-Dieselmotor.

Für die Frischwasserversorgung besitzt das Gérardmobil einen 90-Liter-Wassertank. Beim Westfalia sind es immerhin noch 75 Liter. Im Weinsberger Campingbus bekommt man Frischwasser aus einem 20-Liter-Kanister unter der Küchentheke, ein Abwassertank ist nicht vorhanden. Gérard und Westfalia haben auch große Abwassertanks, beim Westfalia ist dieser jedoch unter dem Benzintank angebracht. Die Bodenfreiheit wird dadurch auf ein Minimum beschränkt, und auf schlechten Straßen wird der Tank sehr leicht beschädigt.
Die beste Küchentheke hat das Reisemobil von Gérard. Mit Kühlschrank, zweiflammigem Herd und einer Spüle mit großer Ablagefläche und elektrischer Wasserversorgung ist sie komplett. Ähnlich die Küche im Westfalia mit Kühlschrank, Heiß- und Kaltwasser, Zweiflammenkocher. Hier fehlt nur die Stell- und Abtropffläche an der Spüle. Spartanischer geht es im Campingbus aus Weinsberg zu: den Kühlschrank

26

1

MARKTINFORMATIONEN TEST JOURNAL

Camping

## VW-LT-Reisemobile im Vergleichstest

Seit es den VW-LT-Transporter auf dem Markt gibt, hat sich das Angebot der Campingbusse und Reisemobile erheblich erweitert. Immer mehr Hersteller von Motorcampern greifen auf den modernen VW-Leittransporter als Basisfahrzeug ihrer Camper zurück. Dieser sehr geräumige VW LT bietet sich durch vornliegenden Motor und Antrieb auf die Hinterachse für den Ausbau zum Campingfahrzeug geradezu an. Da der LT auch als Fahrgestell mit Führerhaus offeriert wird, eignet er sich auch gut für den Aufbau von Spezialkarosserien. Als Antrieb für den VW LT kann man zwischen einem wassergekühlten Vierzylinder-Benzinmotor mit zwei Liter Hubraum und 75 PS Leistung und einem Dieselmotor mit 2,7 Liter Hubraum und 65 PS Leistung wählen. Unsere drei Testwagen, ein Gérard-Mobil mit Sonderaufbau, ein Motorcamper mit Spezialaufbau von Tabbert und ein Campingbus von TECA werden mit beiden Motoren angeboten. Das Gérard- und das TECA-Reisemobil waren zum Test mit dem Benziner ausgestattet, während der Tabbert mit dem Diesel zum Vergleich antrat. Die zwei Benziner sind recht munter motorisiert, denn selbst die Brenner-Autobahn mit ihrer langen Steigung wurde flott bezwungen. Der Diesel blieb da weit zurück. Unter Entfaltung einer dichten Qualmwolke, erklomm er behäbig die steile Bergstrecke.
Bei der anschließenden Fahrt auf der weitgeschwungenen Autobahn glichen sich die Fahrleistungen.

Höchstgeschwindigkeit:

| | |
|---|---|
| TECA-Camper | 124 km/h |
| Gérard-Mobil | 117 km/h |
| Tabbert | 112 km/h |

Der Verbrauch hielt sich in Grenzen und riß deshalb kein zu großes Loch in die Reisekasse.

Verbrauch auf 100 km:

| | |
|---|---|
| TECA-Camper | 15 Liter |
| Gérard-Mobil | 17 Liter |
| Tabbert | 18 Liter |

Paul, der Tabbert-Kapitän, mußte die wenigsten Lira auf die Theke blättern: Diesel ist in Italien halb so teuer wie Normalbenzin.
Das VW-Fahrwerk glänzte durch gute Straßenlage. Obwohl die Fahrzeuge voll beladen waren, bot es noch einen guten Federungskomfort. Nur Klaus hatte mit seinem Gérard Schwierigkeiten. Windböen und der Sog überholter Lkw machten ihm arg zu schaffen. Schuld daran ist die große Aufbauhöhe und die damit verbundene riesige Seitenfläche. Weniger gefallen hat der Motorlärm der LT-Camper. Eine Abdeckung der Motorhaube, die es als Zubehör zum Fahrzeug gibt, ist auf jeden Fall zu empfehlen. „Bei uns ist es wesentlich leiser", stellte Uschi, Copilotin im TECA, fest. Bei diesem Reisemobil ist die Abdeckung serienmäßig montiert. Bedingt durch den großen Sonderaufbau, hat das Reisemobil von Tabbert den meisten Platz. Aber auch im Gérard-Mobil ist genügend Raum vorhanden. Nur im TECA geht es eng zu. Trotzdem ist der weitgehend serienmäßige Aufbau mit allem ausgestattet, was das Camperherz höher schlagen läßt. Als einziges der drei Fahrzeuge hat es in der Küchentheke einen

Gérard-VW-LT-28-Camper Anaconda

Tabbert-Reisemobil Imperator 600

TECA-VW-LT-28-Camper

3

TESTJOURNAL

Neu entwickelt wurde das Gérard-Reisemobil 350 Anaconda. Es ist komplett mit WC, Durchlauferhitzer und Dusche ausgestattet. Der Aufbau ist verwindungssteif in Sandwichbauweise gefertigt.

## Anaconda-Reisemobil: Hoch, schwer, stabil

In der wasserdichten Duschzelle sind das WC, der Durchlauferhitzer, die Dusche und das Waschbecken serienmäßig eingebaut. Auf der hinteren Sitzgruppe haben sechs Personen bequem Platz. Zur Nacht wird sie zur Liegefläche für zwei Erwachsene.

**Gérard-Mobil 150 VW- Anaconda**

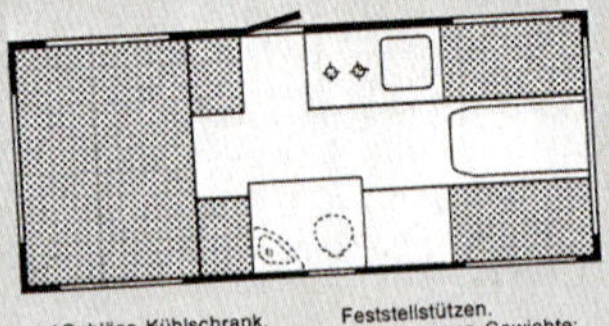

Fahrgestell, Aufbau: VW-LT-28-Fahrgestell mit Fahrerhaus, vorn Scheiben-, hinten Trommelbremsen, vollausgeschäumter, verwindungssteifer Aufbau, thermocolorierte Winter-Doppelverglasung.
Motor, Antrieb: Vierzylinder-Reihenmotor, Hubraum 1984 ccm, 55 kW (75 PS) bei 4300 U/min, max. Drehmoment 150 Nm bei 2400 U/min, vollsynchronisiertes Viergang-Getriebe, Antrieb auf die Hinterräder. Energieversorgung 12/220 Volt, Stromladegerät, getrennte Stromkreise für Fahrzeug und Wohnbereich, zwei Batterien, 2 × 10-kg-Gasflaschen, Außensteckdosen, Leuchten 12/220 Volt.
Ausstattung: Gasheizung mit Thermostat und Gebläse, Kühlschrank, Gasherd zweiflammig, Toilette mit Wasserspülung, Warm- und Kaltwasserversorgung, Gas-Durchlauferhitzer, 90-Liter-Frischwassertank, 50-Liter-Fäkalientank, Abwassertank 60 Liter (auf Wunsch, 280 Mark Aufpreis), pflegeleichter PVC-Filzbodenbelag, Springrollos vor den Fenstern, Nirostaspüle, Feststellstützen.
Abmessungen, Gewichte: Länge/Breite/Höhe: 5450 mm/2150 mm/2800 mm, Stehhöhe 2000 mm, Leergewicht 2000 kg, Zuladung 800 kg, Anhängelast gebremst/ungebremst 1400/750 kg.
Preis: 41 850 Mark.
Hersteller: Wohnwagen-Gérard, Aichtstraße 3–7, 8123 Peißenberg.

unterscheiden sind die Einfüllstutzen der Wassertanks beim Gérard und beim TECA. Beim Tabbert besteht große Verwechslungsgefahr mit dem Benzineinfüllstutzen, da beide Tanks den gleichen Verschluß haben und auf einer Seite liegen. Unterschiedliche Einfüllöffnungen sind aber unbedingt erforderlich. Zu befüllen sind die Tanks einfach. Am besten füllt man die Wassertanks gleichzeitig beim Tanken an der Tankstelle. Dort ist immer ein Wasserschlauch vorhanden, der beim Gérard-Reisemobil sowie beim Tabbert und beim TECA zum Füllen des Frischwassertanks benötigt wird.
Bequem Platz für vier Personen ist nur im Tabbert Imperator 600 und im Gérard Anaconda. Bei geringer Einschränkung der persönlichen Platzbedürfnisse können bei beiden sogar sechs Personen untergebracht werden. Dazu reicht auch der Schlafplatz aus. Allein auf der großen Schlaffläche im Heck des Imperators können zwei Erwachsene und zwei Kinder bequem nächtigen. Bei beiden Campern ist ein umständliches 'Bettenpuzzle' erforderlich. Ein Klappmechanismus nach dem Vorbild des Westfalia-Columbus-Wohnwagens ist für die sonst gut gemachten Motorcamper wünschenswert. Wesentlich weniger Platz ist im TECA. Nur zwei Erwachsene kommen dort bequem unter. Für eine Familie mit zwei Kindern reicht der Platz aber noch

**Gérard-Camper Anaconda**

**Plus**
Viel Platz
Reichhaltige Ausstattung
Wassertoilette
Großer Frischwassertank
Stabiler Aufbau

**Minus**
Seitenwindempfindlich
Abwassertank nicht serienmäßig
Scharfe Ecken und Kanten

*Zum erstenm… der TECA-LT… per auf dem… vansalon in… präsentiert… siert auf dem… Kastenwag… ein spezielles… dach…*

2

## VW-LT-Reisemobile: Schnell und geräumig

Backofen und eine Warmhalteeinrichtung eingebaut. Doch auch Tabbert und Gérard brauchen sich nicht zu verstecken. Neben dem Eingang ist bei beiden eine komplett bestückte Küchentheke eingebaut. Mit Kühlschrank, zweiflammigem Herd, einer Spüle mit großer Ablagefläche und Wasserversorgung durch elektrische Druckwasserpumpe, Heiß- und Kaltwasser und ausreichend großer Arbeitsfläche bieten die Camper-Küchen kaum einen Grund zur Klage. Störend und sogar gefährlich sind bei den Küchentheken im Tabbert und Gérard die scharfen Ecken und Kanten. Die Verletzungsgefahr, besonders für mitfahrende Kinder, ist groß. Aber gerade diese zwei Reisemobile sind sonst für Familien mit Kindern ideal. Auf den großen Rundsitzgruppen im Wagenheck können sie während der Fahrt lesen, spielen, malen oder sich frei bewegen, ohne den Fahrer zu stören. Beliebter Kinderspielplatz während der Fahrt ist das große Alkovenbett im Gérard-Reisemobil. Sie sitzen dort in luftiger Höhe wie in einem 'Adlerhorst' und haben Ausblick nach allen Seiten. Im TECA ist es für Kinder nicht so ideal. Sie sitzen dort direkt hinter Fahrer und Beifahrer und haben kaum Platz zur Beschäftigung während der Fahrt. Besser wird es im TECA erst wenn die Sitzgruppe zu großen Liegefläche umgebaut ist. Die seitliche Schiebetür kann dann aber nicht mehr benützt werden. Der Wohnraum ist bei umgebauter Sitzgruppe nur noch durch die beiden Hecktüren zu begehen.
Stauraum ist bei allen drei Fahrzeugen genügend vorhanden. Vom 'Beiboot', einem Minimotorrad, das in keinem Camper fehlen sollte, über die Mal- und Spielutensilien der Kinder, bis hin zum Salzstreuer, kann fast alles ordentlich untergebracht werden. Die großen Stauräume beim Gérard sind dabei am leichtesten zugänglich. Eine große 'Klappe' in der Seitenwand des Aufbaus erlaubt die Beladung der Stauräume von außen. Beim Tabbert wird eine solche Ladehilfe nur gegen Aufpreis angeboten. Sperrige Gegenstände lassen sich beim TECA nicht im Innenraum verstauen. Dafür ist bei ihm das 'Hirschgeweih', ein großer Dachständer über dem Fahrerhaus, serienmäßig montiert. Nur – eine Leiter zum Beladen des Dachständers ist nicht vorgesehen.
Beliebter Raum am Tagesziel der Testfahrt war immer wieder die Heißwasserdusche. Im Gérard-Mobil wie auch im Tabbert und im TECA sind wasserdichte Duschzellen eingebaut. Sie dienen, mit einem Waschbecken versehen, gleichzeitig als Wasch- oder Toilettenraum.
Beim Anaconda-Reisemobil von Gérard ist in der Kunststoffzelle sogar noch eine Wassertoilette untergebracht. Der Frischwasservorrat von 90 Litern reicht voll aus. Doch fehlt beim Gérard ein Abwassertank. Ein 60-Liter-Tank für Abwasser ist aber für 280 Mark Aufpreis zu haben. Er ist zu empfehlen, vor allem, wenn man in Städten oder auf Parkplätzen übernachten will. Der Frischwasservorrat im Tabbert ist schnell verbraucht. Der Tank faßt nur 60 Liter. Dafür ist aber ein Abwassertank mit dem gleichen Volumen eingebaut. Intensiv duschen darf man sich auch im TECA. Der Frischwasservorrat von 86 Litern ist ausreichend. Die Abwässer werden auch hier in einem 45 Liter großen Abwassertank gesammelt, der jedoch schnell überläuft. Klar vom Benzineinfüllstutzen zu

■ Bericht aus hobby 22/1977

# TESTJOURNAL

## ...agen für zwei Personen

wendet. Durch weiße und blaue Kunststoffbeschichtung wirkt der Gérard-Innenraum sehr kühl. Durch die Kunststoffbeschichtung sind die Möbel jedoch sehr pflegeleicht und dadurch gut sauberzuhalten. Für ein Reisemobil, das längere Zeit gefahren werden soll, ist dies sehr wichtig.

Die drei LT-Reisemobile sind gute Reisefahrzeuge. Doch sollte man unbefestigte Straßen tunlichst meiden, da die Motorcamper nur sehr wenig Bodenfreiheit haben.

Beim Gérard-Anaconda und TECA setzen die Wasser- oder Abwassertanks sehr schnell auf, und beim Tabbert bleiben die Kurbelstützen schon an kleinen Unebenheiten hängen. Daher sind die drei für Globetrotter, die auch einmal abseits der Straße oder durch unwegsames Gelände fahren wollen, nicht gerade das Richtige. Für Leute, die aber unabhängig Urlaub machen wollen, für die der Pauschaltourismus zu sehr mit Zwängen verbunden ist, empfiehlt sich geradezu solch ein LT-Camper. Doch Unabhängigkeit kostet Geld. Die Freiheit muß Ihnen gut 40 000 Mark wert sein.

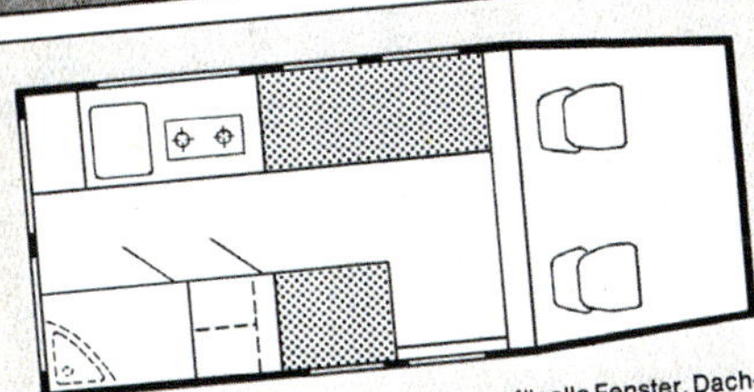

pagasflasche vorgesehen Leuchten 12/220 Volt.
Ausstattung:
Gasheizung, Zweiflammen-Gasherd mit Warmhaltevorrichtung, Gasbackofen, Durchlauferhitzer, Frischwassertank, Abwassertank, Dusche mit Kalt- und Warmwasser, Chemietoilette gegen Aufpreis, Stereoanlage, Geschirr und Besteck für vier Personen, Nirostaspüle, Vorhänge für alle Fenster, Dachgepäckträger, Kunststoffbodenbelag, Hängebetten.
Abmessungen, Gewichte:
Länge/Breite/Höhe: 4840 mm/2020 mm/2610 mm, Stehhöhe 1930 mm, Leergewicht 1580 kg, Zuladung 1170 kg, Anhängelast gebremst/ungebremst 1400/750 kg.
Preis 36 800 Mark.
Hersteller: Wolf R. Tegtmeier, 3262 Auetal.



# TESTJOURNAL

*Viel Platz ist in dem großen Kasten des Tabbert-Imperator-600-Reisemobils. Der Großraumkasten ist eine Tabbert-Eigenkonstruktion. Er ist mit kunstharzgetränkter Mineralwolle isoliert.*

## Tabbert Imperator 600: Viel Platz und Komfort

*An Bord ist für alles gesorgt: Ein Waschraum mit Dusche, fließend Kalt- und Warmwasser, eine Küchentheke mit Zweiflammenherd; Kühlschrank und Spüle und die Gasheizung sind serienmäßig eingebaut. Im Wagenheck ist die große Rundsitzgruppe für acht Personen.*

aus. Die Schlaffläche wird hinter den Sitzen für Fahrer und Beifahrer aus sehr bequemen Polstern gebaut. Doch ist auch hier ein 'Polsterpuzzle' notwendig. Zwei weitere Schlafplätze kann man durch Hängematten schaffen, die unter dem Dach eingehängt werden. Empfehlenswert sind sie aber nur für Kinder. Nur zur Not unter sehr großen Komforteinbußen können dort zwei Erwachsene untergebracht werden.

Bei allen drei Fahrzeugen ist für genügend Licht und gute Belüftung gesorgt. Große Dachluken und Klappfenster, beim TECA Schiebefenster, gewährleisten eine zugfreie Frischluftversorgung und bringen außerdem tagsüber genügend Oberlicht. Während beim Tabbert und beim Gérard Stores an den Fenstern lästige Fliegen vom Innenraum fernhalten, können bei geöffnetem Seitenfenster im TECA allerlei lästige Insekten und Mücken in den Innenraum eindringen. Ein Mückengitter ist beim Schiebefenster deshalb unbedingt notwendig.

Die ausgezeichnete Verarbeitung spricht für den TECA. Nichts klappert oder scheppert, und nirgendwo sind scharfe Ecken und Kanten. Die Inneneinrichtung ist in guter Schreinerarbeit aus echtem Holz gefertigt. Ebenfalls von guter Qualität ist die Ausstattung der beiden Konkurrenten Tabbert und Gérard. Dort wird kunststoffbeschichtetes Sperrholz ver-

### Tabbert Imperator 600

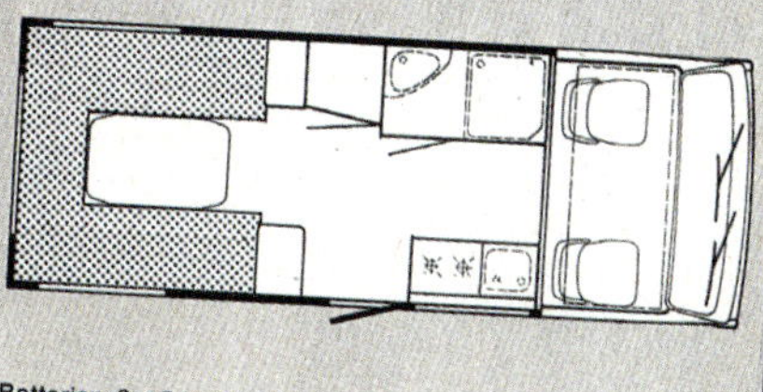

Fahrgestell, Aufbau:
VW-LT-35-Fahrgestell mit Fahrerhaus, hinten Starrachse mit Längsblattfedern, vorn Doppelquerlenker und Schraubenfedern, hinten Zwillingsreifen 185 R 14 C 6 PR, vorn Scheiben-, hinten Trommelbremsen, Stahlblechaufbau mit Mineralwolle isoliert, Sperrholzverkleidung mit Tapete, Winterdoppelfenster.
Motor, Antrieb:
Vierzylinder-Dieselmotor, Hubraum 2710 ccm, Leistung 48 kW (65 PS) bei 3600 U/min, max. Drehmoment 152 Nm bei 2300 U/min, vollsynchronisiertes Viergang-Getriebe, Antrieb auf die Hinterräder.
Energieversorgung: 12/220 Volt, Stromladegerät, getrennte Stromkreise für Fahrzeug und Wohnbereich, zwei Batterien, 2 × 5-kg-Gasflaschen, Außensteckdose, Leuchten 12/220 Volt.
Ausstattung: Gasheizung, Umluftanlage und Winterrückenlehnen auf Wunsch 425 Mark, Kühlschrank, Zweiflammenherd, Warm- und Kaltwasserversorgung, Gas-Durchlauferhitzer, 60-Liter-Frischwassertank, 60-Liter-Abwassertank, Chemie-Toilette 385 Mark Aufpreis.
Abmessungen, Gewichte:
Länge/Breite/Höhe 5900 mm/2050 mm/2830 mm, Stehhöhe 1890 mm. Leergewicht 2700 kg, Zuladung 900 kg, Anhängelast gebremst/ungebremst 1400/750 kg.
Preis: 46 900 DM, Benzinmotor. Aufpreis Diesel 2437 Mark.
Hersteller: Tabbert, 8730 Bad Kissingen.

### Tabbert Imperator 600

**Plus**

- Viel Platz
- Große Rundsitzgruppe
- Komplette Ausstattung
- Solider Ausbau

**Minus**

- Schlechte Isolierung zum Motorraum
- Kleiner Frisch- und Abwassertank
- Scharfe Ecken und Kanten im Einstiegsbereich

# FAST SORGENFREI IM ALTER
# DER LT IM (UN-)RUHESTAND

WESTFALIA
FLORIDA
LT 31
MA FL 31

Angesichts des hohen Alters, das LT-Fahrzeuge erreichen können, ist die Liste der häufigen Mängel und Problemstellen nicht allzu lang. Selbst kaum gewartete Exemplare sind nach 30 und mehr Jahren zumindest problemlos einsetzbar. Handwerkern, Schrotthändlern oder Gerüstbauern genügt das, allerdings trennen sie sich bei plötzlich auftretenden Problemen auch schnell von ihren Transportern. Wohnmobile und Einsatzfahrzeuge der Feuerwehr, an die ständig Hand angelegt wird, haben weit bessere Aussichten, als Youngtimer noch lange voll genutzt zu werden. Hier die wichtigsten neuralgischen Punkte, auf die LT-Fahrer achten – wie es auch die Diskussionen im Netz belegen.

## KABINE UND WERKSAUFBAUTEN

Rost ist bei alten Autos immer ein Thema. Im LT macht besonders Fugenrost Arbeit, außerdem sind Korrosionsschäden an den Türen bei Modellen bis Baujahr 1985 ein stetes Übel. Spätere Modelle profitieren von immer weiter verbesserten Korrosionsschutz, der VW Mitte der 1990er Jahre sogar veranlasste, im Prospekt auf eine sechsjährige Garantie gegen Durchrostung der Karosserie hinzuweisen. Beim Kastenwagen zeigen die Führungen der Schiebetüren Spuren der braunen Pest, die generell auch die Trittstufen befällt. Einen kritischen Blick verdienen, von unten betrachtet, auch die Radläufe und das Abschlussblech hinten. Wohnmobilfreunde berichten von Rost an den A-Säulen zur Frontscheibe hin. Wie sieht der Bereich zwischen Frontscheibe und Armaturenbrett aus? Darum kümmern sich Kaufinteressenten bei der Besichtigung zuerst.

■ **Für extreme Roststellen ist der LT zwar nicht bekannt, allerdings sollte man sich die Trittstufen besonders gut anschauen.**

■ Hier geht es richtig zur Sache: In der Werkstatt von Jörg Ohlenforst aus Aachen entsteht in gründlicher und oft mühsamer Restaurierungsarbeit ein „neues" Auto: Ein LT 40 4x4 wird kombiniert mit einem Florida-Wohnmobil. Dazu mussten beide Fahrzeuge zerlegt werden.

## CHASSIS

Bei den Modellen LT 28 und LT 35 bis zum Baujahr 1986 sind die hinteren Federn nicht unproblematisch. Das zeigt sich besonders bei Wohnmobilaufbauten, die nur wenig Zuladung erlauben. Viele Wohnmobil-LT hängen deshalb bei voller Beladung hinten durch. Nur wer ein Fahrzeug sein eigen nennt, dessen Erstbesitzer sich damals beim Neukauf für die – aufpreispflichtigen – verstärkten Federn entschieden hat, ist auf der sicheren Seite. Zusätzliche Federlagen können hier helfen, unter Umständen auch unterstützende Schraubenfedern, die allerdings nicht in jeden LT eingebaut werden können.

Die Traggelenke der Einzelradaufhängung vorn zeigen bei vielen LT 28 bis LT 35 Schwächen. Hier ist angeraten, rechtzeitig für Ersatz zu sorgen, damit es nicht zum plötzlichen Bruch kommt, wie Besitzer von dreißig Jahre alten LT berichten können. Eine regelmäßige Kontrolle dieser Bauteile auch außerhalb der Hauptuntersuchung ist für LT-Besitzer selbstverständlich.

## MOTOR

Undichte Einspritzpumpen können für Ärger sorgen. Experten in der LT-Szene raten in solchen Fällen zur Reparatur in einer Fachwerkstatt statt zum Kauf eines originalen Ersatzteils. Keinen grundsätzlichen Mangel, aber ein Punkt, der schnell übersehen wird, stellt die Nutzungsdauer des Zahnriemens dar. Die Werksvorschrift sieht eine Erneuerung nach 120.000 Kilometern vor, damals noch ohne Zeitbeschränkung. Wer auf Nummer sicher gehen will, sollte ungefähr alle sieben Jahre einen neuen Riemen einbauen, selbstverständlich einschließlich Wasserpumpe, Spann- und Umlenkrolle. Aber egal ob Kilometer- oder Altersgrenze: LT-Freunde, deren Gefährte auf nur geringe jährliche Laufleistungen kommen, dürfen den Zeitpunkt des Wechsels nicht verpassen.

Generell gibt es die Ersatzteile bei Volkswagen, natürlich auch über den werkseigenen Oldtimerservice VW Classic Parts. Der Kfz-Teilehandel oder Werkstätten mit Spezialgebieten sind Anlaufstellen bei Restaurierungen – und nicht zuletzt Leute aus der Szene, die auf der Vereins- und Freizeitebene weiterhelfen. Sie warnen den Einsteiger auch vor Illusionen: Die Unterhaltungskosten für einen LT liegen bei Ersatzteilen, Werkstattkosten, Versicherungen und Steuern über dem Niveau von ähnlichen alten Pkw.

■ Beim LT ist alles etwas anders: Der Motoreinbau erfolgt durch den Fahrgastraum.

## MEIN LT WIRD DIE WELT SEHEN ...

Es ist nicht alltäglich, dass sich eine junge Frau an die Restaurierung eines LT wagt. Julia Schygulla, Jahrgang 1993, hat das Vorhaben auf sich genommen und hier ihre Geschichte aufgeschrieben – ein schönes Beispiel dafür, wie bunt und vielseitig die Welt rund um den LT ist ...

*„Ich sagte immer schon, dass mein Erstwagen ein VW Bus sein sollte – vielleicht weil meine Eltern einen VW T4 fahren, vielleicht weil mein Freund Pierre und ich am liebsten einfachen Campingurlaub machen. Aber dann begegnete mir mit 21 Jahren mein erster VW LT an einem Straßenrand, wo mich gleich sein Platzangebot und nach kurzer Recherche auch der günstigere Preis im Vergleich zu einem Bulli überzeugten. Während meines Studiums gewann ich schließlich in einem Wettbewerb eine überschaubare Menge Geld und beschloss mit Pierre, es einfach anzugehen – jetzt gleich.*

*Noch vor unserem ersten Urlaub mit dem neuen Gefährt wurde jedoch klar, dass der LT von 1977 nicht so gut dastand, wie wir es zum Kaufzeitpunkt erhofft hatten. Mit dem anfänglichen Ziel, so wenig wie möglich zu investieren, wagten wir uns unter Zuhilfenahme der beiden Internet-Foren langsam an erste Reparaturen heran. Als absolute Neulinge auf dem Gebiet war das herausfordernd und spannend zugleich. Umso besser dann das Gefühl der Bestätigung und unendlicher Freiheit, als wir pannenfrei über 3000 Kilometer durch Frankreich fuhren und schliefen wo immer wir wollten. Alltägliche Dinge wie das Aufwachen und Kochen fühlten sich auf einmal besonders an und mir wurde bewusst, dass dieses Auto die ganzen Arbeitsstunden während solcher Reisen auf seine ganz eigene Art und Weise wieder wettmachen würde. Ich versuchte, so viel wie möglich über das Fahrzeug mit dem kontrovers diskutierten 2,7-Liter-Perkins-Vierzylinder zu lernen und wollte mich zudem nicht ständig um versteckten Rost, Ölverlust und Wassereinbruch sorgen. Nach einiger Zeit begriff ich außerdem, dass ein 40-jähriger Kastenwagen nicht nur zeit- sondern auch kostenintensiv ist, wenn man ihn behalten und nicht nach nur einem Road Trip*

■ Restaurierungsobjekt: Der LT von Julia Schygulla im Zwischenstadium seiner Restaurierung.

*verschrotten will. Für eine Vollrestaurierung hätte sich sicherlich eine bessere Basis finden lassen, aber an deren Fahrwerk und Motor hätte ich nicht schon jede Schraube gekannt. Neben dem Studium jobbte ich als Kellnerin – nicht etwa für die Wohnung, sondern nur für den LT, der längst mein persönliches Familienmitglied war. Schwierig wurde es immer dann, wenn ich Arbeiten nicht selbst ausführen konnte, weil ich nicht die technischen Möglichkeiten dazu hatte. In der vorwiegend männlich bestimmten Kfz-Branche fühlte ich mich als junge Frau mit großem altem Auto selten ernsthaft als Kundin respektiert, sodass mich Zweifler, Sprücheklopfer und ergebnislose, ewige Wartezeiten auch immer wieder demotivierten. Gleichzeitig sah ich diese Situationen als Ansporn, mir selbst zu zeigen, was ich zusammen mit meinem Freund erreichen kann: Technisch wurde der LT auf Vordermann gebracht – die Karosserie komplett überarbeitet und geschweißt, unter anderem am Dachholm, was für die meisten LT das Todesurteil bedeutet. Nach frischem Farbkleid und neuen Dichtungen darf der eingelagerte Selbstausbau aus den 80er Jahren wieder an seinen Platz. Ich kann die erste Nacht darin kaum erwarten!*

*Mit dem sicherlich naiven, überstürzten Kauf habe ich eine Leidenschaft entdeckt, über die ich vorher nie nachgedacht habe: Technik, Motoren und Handwerk sind ein perfekter Ausgleich zur Kopf-Arbeit und machen einen stärker, geben Selbstvertrauen. Die Unabhängigkeit, Dinge selbst reparieren oder Arbeiten in Werkstätten hinterfragen zu können, sorgt für Freiheit im Alltag. Gerade auch die Tatsache, dass man sich vieles alleine aneignen kann, soll Andere ermutigen. Dabei bietet die LT-Szene eine wunderbare Gemeinschaft, in der jeder gerne hilft, Wissen weitergibt und nicht zuletzt auch die gemütliche Ausstrahlung des Fahrzeugs verkörpert wird. Während der Restauration musste ich mir außerdem immer wieder ins Gedächtnis rufen, dass es sich um ein Nutzfahrzeug und nicht um einen Garagen-Oldtimer handelt. Bis sich wieder Rost bemerkbar macht, wird mein LT die Welt sehen und jeder Kilometer, den er mit seinen 40 Jahren packt, ist für mich Vollkommenheit."*

*Julia Schygulla*

**Das Fahrzeug**

VW LT 31 von 1977 mit Perkins-Dieselmotor. Der Wohnmobil-Selbstausbau aus den 80er Jahren besteht aus einer zum Bett umklappbaren Hecksitzgruppe, einer Dusche mit Truma-Boiler zur Warmwasserversorgung, Küche mit Gasherd, Spüle und Electrolux-Kühlschrank sowie einer Trumatic-Gasheizung. Motorkennbuchstabe CG, 4 Zylinder, 2710 $cm^3$ Hubraum, 65 PS Leistung.

**Schritte der Restaurierung**

- Sicherheitsrelevante Reparaturen (Fahrwerk, Bremsen)
- Austausch und Abdichten einiger Teile des Kraftstoffsystems und des Motors
- Innenausbau demontieren und einlagern
- Bestandsaufnahme
- GFK-Dach lösen und anheben
- Entfernen der Scheiben, Türen und Anbauteile
- Schleifarbeiten zur Rostbeseitigung
- Schweißarbeiten (vor Allem am Dachholm und im Bereich um die Radkästen)
- Anschleifen des Altlackes
- Karosserienähte säubern und versiegeln
- Rostschutz-Grundierung
- Verkleben des Daches
- Lackaufbau
- Scheiben mit neuen Dichtungen einbauen
- Hohlraumkonservierung
- Unterbodenschutz
- Anbauteile montieren

## TEILE, TEILE, TEILE – DIE LT-SZENE HAT VIEL BEDARF

### Fünf Fragen an Szene-Kenner „Stefan aus Essen"

„Stefan aus Essen", Sie besorgen in der LT-Szene Teile aller Art. Welche sind die drei am häufigsten nachgefragten Ersatzteile für das Fahrzeug selbst und für Wohnmobilaufbauten?

Motorteile, zum Beispiel Einspritzpumpen. Außerdem Bremskraftregler und vieles, sehr vieles anderes. Mal dies, mal das, es ist sehr verschieden.

Die Teileanfragen sind sicher vielfältig. Können Sie ein paar wirklich ausgefallene Anliegen oder wertvolle „Fundstücke" nennen?

Ausgefallene Neuteile, die es offiziell schon 20 Jahre nicht mehr gibt. Etwas ganz Spezielles sind Teile für den Perkins-Motor in originalen alten Kartons. Wertvoll sind zum Beispiel bestimmte Ersatzteile vom 4x4 oder das Motorsteuergerät vom Benziner G-Kat.

Wo haben Sie Ihre Quellen? Unterstützen auch andere LT-Freunde Ihren Einsatz?

Ich halte stets und überall meine Augen auf, und aus der Szene kommen natürlich interessante Tipps.

Das Ganze ist für Sie ein intensives Hobby. Wo ist dabei die Grenze der Machbarkeit bei Zeitaufwand und Logistik, werden Sie unterstützt?

Grenzen setzen mein Beruf und auch ich selbst. Es ist halt alles Hobby und die Familie gibt es ja schließlich auch noch. Pannenhilfe leiste ich gerne, aber gerade in der Urlaubszeit ist das schwierig, da die Teile meistens in andere Länder müssen und Verpackung und Versand Aufwand verursachen.

Welchen LT fahren Sie selbst?

Einen Karmann LT-L,
Baujahr 1984, 2,4 Liter, 75 PS, Diesel.

**Kontakt über:**
www.lt-forum.de und www.lt-freunde.de

■ **Kein Treffen ohne Teile: Eine exquisite Auswahl seltener Ersatzteile, teils sogar in Originalverpackung, präsentiert Insider „Stefan aus Essen". Selbst rare Teile wie ein Steuergerät für Benzinmotoren, Einspritzdüsen, Thermostat für den Perkins-Diesel und Rückleuchten sind noch zu bekommen**

## WOHNMOBILFREUNDE SICHERN DAS ERBE DES LT

Man muss den Wohnmobilfreunden dankbar sein, denn aller Widerstandsfähigkeit des LT zum Trotz: Auch bei seiner langen Nutzungsdauer im Alltag würde er in absehbarer Zeit weitgehend in Vergessenheit geraten. In aller Regel verhält es sich nämlich so, dass die Besitzer von reinen Nutzfahrzeugen zwar ihr Auto schätzen, es aber sehr schnell aus den Augen verlieren, wenn es den Dienst quittiert hat. Nicht so die Menschen, die die weite Reise lieben, (fast) unabhängig von Übernachtungsmöglichkeiten und völlig frei in der Planung – alle die, die gern im Wohnmobil unterwegs sind. Und das geht auch in historischen Fahrzeugen. Der LT kann hier wie bei allen anderen Nutzungen seinen Vorteil der üppigen Geräumigkeit ausspielen, denn mit dem LT als Reisemobil steht ein Fahrzeug mit Youngtimer-Status zur Verfügung, in dem man sich gegenüber modernen Wohnmobilen nicht einschränken muss.

So hat sich rund um die bemerkenswert vielen und generell sehr variantenreichen Wohnmobilaufbauten auf Basis des LT eine rührige Clubszene in einigen europäischen Ländern gebildet, die das tut, was alle Clubs in der Szene tun: Sie treffen sich, geben sich gegenseitig Ratschläge, beschaffen Ersatzteile, zeigen im Internet ihre Bilder und teilen – nicht nur im Internet – ihre Erlebnisse. Die Szene lebt Unkompliziertheit, zeigt sich direkt und unverfälscht und schafft so ein Gefühl der Zusammengehörigkeit und Geborgenheit. Alles ist dabei, lupenrein erhaltene fabrikfertige Wohnmobile und kühne Eigenausbauten, und genau so ist auch die LT-Szene zusammengesetzt. Zu viel Vereinsstruktur ist gar nicht gewünscht, jeder akzeptiert jeden ohne Vorbehalt. Lust am Schrauben ist allerdings allen gemein, anders ließen sich die immerwährenden Arbeiten an den Fahrzeugen nicht leisten.

Auch im Ausland hat der LT seine Freunde. In den Niederlanden und Frankreich gibt es Vereine, in England erlebt die LT-Szene derzeit einen regelrechten Boom, sowohl mit dort aufgebauten Wohnmobilen als auch mit vom Kontinent importierten Linkslenkern. Nachfrage entwickelt sich sogar in den USA, wohin sie zu „Lebzeiten" nie gelangt waren.

Der LT lebt – und daran wird sich nichts ändern, so lange uns nicht – frei nach der berühmten Comicfigur Asterix – irgendwann der Himmel auf den Kopf fallen sollte …

■ Weltenbummler im LT: Ruben Krebs (links) und Lukas Ratius lieben die Unabhängigkeit auf großer Fahrt.

■ Schnell mal an die Küste fahren: Fernweh aller Art lässt sich mit dem LT stillen.

## INTERNETADRESSEN

www.lt-freunde.de (auch Forum)
www.mkmueller.de (auch Links)
www.vwlt.co.uk (auch facebook)
www.vwltlub.nl (auch LT II)
apascuel.free.fr (Les amis du LT)
www.wohnmobilform.de (mit Sparte LT)
westfalialt.info (englischsprachig zu Karmann-Wohnmobilen auf LT)
www.karmann-coachbuilts.com (englischsprachig zu allen Karmann-Wohnmobilen)

# 11 TECHNISCHE DATEN
# DER LT IN ZAHLEN

| MODELL | LT 28 | LT 28 D | LT 28 D |
|---|---|---|---|
| **Antrieb** | | | |
| Bauzeit | 1975-1982 | 1976-1979 | 1979-1982 |
| Motor | VW Benzinmotor mit Fallstromvergaser | Perkins Wirbelkammer-Diesel | VW Wirbelkammer-Diesel |
| Hubraum (cm³) | 1984 | 2710 | 2383 |
| Bohrung x Hub (mm) | 86,5 x 84,4 | 92 x 101,6 | 76,5 x 86,4 |
| Leistung PS (kW) | 75 (55) bei 4300/min | 65 (48) bei 3600/min | 75 (55) bei 4500/min |
| Getriebe | 4 Gang (ab 1975 optional 5 Gang) | 4 Gang | 5 Gang |
| Tankinhalt (l) | 70 | 70 | 70 |

| | | | |
|---|---|---|---|
| **Abmessungen (mm)** | | | |
| **Kastenwagen** | | | |
| Länge | 4840 | 4840 | 4840 |
| Breite | 2020 | 2020 | 2020 |
| Höhe | 2150 | 2150 | 2150 |
| Spur vorne | 1750 | 1750 | 1750 |
| Spur hinten | 1740 | 1740 | 1740 |
| Radstand | 2500 | 2500 | 2500 |
| | | | |
| **Hochdach-Kastenwagen** | | | |
| Länge | 4840 (5290) | 4840 (5290) | 4840 (5290) |
| Breite | 2020 | 2020 | 2020 |
| Höhe | 2560 | 2560 | 2560 |
| Spur vorne | 1750 | 1750 | 1750 |
| Spur hinten | 1740 | 1740 | 1740 |
| Radstand | 2500 (2950) | 2500 (2950) | 2500 (2950) |

| MODELL | LT 28 | LT 28 D | LT 28 D |
|---|---|---|---|
| **Kombi mit Hochdach** | | | |
| Länge | 4840 | 4840 | 4840 |
| Breite | 2020 | 2020 | 2020 |
| Höhe | 2140 (2550) | 2140 (2550) | 2140 (2550) |
| Spur vorne | 1750 (1750) | 1750 (1750) | 1750 (1750) |
| Spur hinten | 1740 (1740) | 1740 (1740) | 1740 (1740) |
| Radstand | 2500 | 2500 | 2500 |
| | | | |
| **Pritschenwagen** | | | |
| Länge | 4870 (5625) | 4870 (5625) | 4870 (5625) |
| Breite | 2140 | 2140 | 2140 |
| Höhe | 2080 | 2080 | 2080 |
| Spur vorne | 1750 | 1750 | 1750 |
| Spur hinten | 1740 | 1740 | 1740 |
| Radstand | 2500 (2950) | 2500 (2950) | 2500 (2950) |
| | | | |
| **Tiefladepritschenwagen siehe Pritschenwagen Radstand 2500 mm** | | | |
| Doppelkabine | | | |
| Länge | 5325 | 5325 | 5325 |
| Breite | 2140 | 2140 | 2140 |
| Höhe | 2140 | 2140 | 2140 |
| Spur vorne | 1750 | 1750 | 1750 |
| Spur hinten | 1740 | 1740 | 1740 |
| Radstand | 2950 | 2950 | 2950 |

| | | | |
|---|---|---|---|
| **Gewichte und Volumen** | | | |
| **Kastenwagen (Radstand 2950 mm)** | | | |
| Wagengewicht (kg) | 1630 | 1770 | 1730 |
| Zulässiges Gesamtgewicht (kg) | 2800 | 2940 | 2800 |
| Ladevolumen ($m^3$) | 7,9 (9) | 7,9 (9) | 7,9 (9) |
| | | | |
| **Hochdach-Kastenwagen (Radstand 2950 mm)** | | | |
| Wagengewicht (kg) | 1680 | 1820 | 1780 |
| Zulässiges Gesamtgewicht (kg) | 2800 | 2940 | 2800 |
| Ladevolumen ($m^3$) | 10,1 (11,6) | 10,1 (11,6) | 10,1 (11,6) |
| | | | |
| **Kombi** | | | |
| Wagengewicht (kg) | 1815 | 1955 | 1915 |
| Zulässiges Gesamtgewicht (kg) | 2800 | 2800 | 2800 |
| Ladevolumen ($m^3$) | k. A.* | k. A.* | k. A.* |
| | | | |
| **Pritschenwagen, (Radstand 2950 mm)** | | | |
| Wagengewicht (kg) | 1600 | 1740 | 1700 |
| Zulässiges Gesamtgewicht (kg) | 2800 | 2940 | 2800 |
| Ladefläche ($m^2$) | 6 (7,5) | 6 (7,5) | 6 (7,5) |
| | | | |
| **Doppelkabine** | | | |
| Wagengewicht (kg) | 1825 | 1965 | 1925 |
| Zulässiges Gesamtgewicht (kg) | 2800 | 2940 | 2800 |
| Ladefläche ($m^2$) | 5,1 | 5,1 | 5,1 |

| MODELL | LT 28 | LT 28 D | LT 28 TD |
|---|---|---|---|
| **Technische Daten** | | | |
| **Antrieb** | | | |
| Bauzeit | 1983 –1996 | 1983 –1996 | 1985 1996 |
| Stückzahl | k. A.* | k. A.* | k. A.* |
| Motor | VW Benzinmotor mit Fallstrom-Registervergaser, ab 1993: Direkteinspritzung | VW Wirbelkammer-Diesel | VW Wirbelkammer-Diesel mit Turbolader |
| Hubraum (cm³) | 2384 | 2384 | 2384 |
| Bohrung x Hub (mm) | 76,5 x 86,4 | 76,5 x 86,4 | 76,5 x 86,4 |
| Leistung PS (kW) | 90 (66) bei 4500/min, ab 1993: 90 (69) | 75 (55) bei 4300/min, ab 1993: 67 (51) | 102 (75) bei 4300/min, ab 1993: 91 (70) |
| Getriebe | 4 bzw. 5 Gang | 5 Gang | 5 Gang |
| Tankinhalt (l) | 70 | 70 | 70 |

| | | | |
|---|---|---|---|
| **Abmessungen (mm)** | | | |
| **Kastenwagen (langer Radstand)** | | | |
| Länge | 4855 (5305) | 4855 (5305) | 4855 (5305) |
| Breite | 2040 | 2040 | 2040 |
| Höhe | 2160 | 2160 | 2160 |
| Spur vorne | 1750 | 1750 | 1750 |
| Spur hinten | 1740 | 1740 | 1740 |
| Radstand | 2500 (2950) | 2500 (2950) | 2500 (2950) |
| **Hochdach-Kastenwagen (langer Radstand)** | | | |
| Länge | 4855 (5305) | 4855 (5305) | 4855 (5305) |
| Breite | 2040 | 2040 | 2040 |
| Höhe | 2570 | 2570 | 2570 |
| Spur vorne | 1750 | 1750 | 1750 |
| Spur hinten | 1740 | 1740 | 1740 |
| Radstand | 2500 (2950) | 2500 (2950) | 2500 (2950) |
| **Kombi und Hochdach-Kombi siehe Kastenwagen** | | | |
| **Pritschenwagen (langer Radstand)** | | | |
| Länge | 4875 (5630) | 4875 (5630) | 4875 (5630) |
| Breite | 2140 | 2140 | 2140 |
| Höhe | 2105 | 2105 | 2105 |
| Spur vorne | 1750 | 1750 | 1750 |
| Spur hinten | 1740 | 1740 | 1740 |
| Radstand | 2500 (2950) | 2500 (2950) | 2500 (2950) |
| **Tieflade-Pritschenwagen siehe Pritschenwagen** | | | |
| **Pritschenwagen und Tieflade-Pritschenwagen mit Doppelkabine** | | | |
| Länge | 5330 | 5330 | 5330 |
| Breite | 2140 | 2140 | 2140 |
| Höhe | 2015 | 2015 | 2015 |
| Spur vorne | 1750 | 1750 | 1750 |
| Spur hinten | 1740 | 1740 | 1740 |
| Radstand | 2950 | 2950 | 2950 |

| MODELL | LT 28 | LT 28 D | LT28 TD |
|---|---|---|---|
| **Gewichte und Volumen** | | | |
| **Kastenwagen (langer Radstand)** | | | |
| Wagengewicht (kg) | 1695 | 1750 | 1765 |
| Zulässiges Gesamtgewicht (kg) | 2800 | 2800 | 2800 |
| Ladevolumen ($m^3$) | 7,9 (9) | 7,9 (9) | 7,9 (9) |
| | | | |
| **Hochdach-Kastenwagen (langer Radstand)** | | | |
| Wagengewicht (kg) | 1745 | 1800 | 1815 |
| Zulässiges Gesamtgewicht (kg) | 2800 | 2800 | 2800 |
| Ladevolumen ($m^3$) | 10,1 (11,6) | 10,1 (11,6) | 10,1 (11,6) |
| | | | |
| **Kombi** | | | |
| Wagengewicht (kg) | 1800 | 1855 | 1870 |
| Zulässiges Gesamtgewicht (kg) | 2800 | 2800 | 2800 |
| Ladevolumen ($m^3$) | k. A.* | k. A.* | k. A.* |
| | | | |
| **Hochdach-Kombi** | | | |
| Wagengewicht (kg) | 1850 | 1905 | 1920 |
| Zulässiges Gesamtgewicht (kg) | 2800 | 2800 | 2800 |
| Ladevolumen ($m^3$) | k. A.* | k. A.* | k. A.* |
| | | | |
| **Pritschenwagen** | | | |
| Wagengewicht (kg) | 1690 | 1745 | 1760 |
| Zulässiges Gesamtgewicht (kg) | 2800 | 2800 | 2800 |
| Ladefläche ($m^2$) | 6 (7,5) | 6 (7,5) | 6 (7,5) |
| | | | |
| **Tieflade-Pritschenwagen siehe Pritschenwagen** | | | |
| | | | |
| **Doppelkabine (Pritschenwagen und Tieflade-Pritschenwagen)** | | | |
| Wagengewicht (kg) | 1885 | 1940 | 1955 |
| Zulässiges Gesamtgewicht (kg) | 2800 | 2800 | 2800 |
| Ladefläche ($m^2$) | 5,1 | 5,1 | 5,1 |
| | | | |
| *k. A. = keine Angabe | | | |

| MODELL | LT 31 | LT 31 D | LT 31 D |
|---|---|---|---|
| **Technische Daten** | | | |
| **Antrieb** | | | |
| Bauzeit | 1975–1982 | 1976–1979 | 1979–1982 |
| Motor | VW Benzinmotor mit Fallstromvergaser | Perkins Wirbelkammer-Diesel | VW Wirbelkammer-Diesel |
| Hubraum ($cm^3$) | 1984 | 2710 | 2383 |
| Bohrung x Hub (mm) | 86,5 x 84,4 | 92 x 101,6 | 76,5 x 86,4 |
| Leistung PS (kW) | 75 (55) bei 4300/min | 65 (48) bei 3600/min | 75 (55) bei 4500/min |
| Getriebe | 4 Gang (ab 1979 auch 5 Gang) | 5 Gang | 5 Gang |
| Tankinhalt (l) | 70 | 70 | 70 |

| Abmessungen (mm) | | | |
|---|---|---|---|
| **Kastenwagen** | | | |
| Länge | 4840 | 4840 | 4840 |
| Breite | 2020 | 2020 | 2020 |
| Höhe | 2160 | 2160 | 2160 |
| Spur vorne | 1750 | 1750 | 1750 |
| Spur hinten | 1740 | 1740 | 1740 |
| Radstand | 2500 | 2500 | 2500 |
| | | | |
| **Hochdach-Kastenwagen** | | | |
| Länge | 4840 (5290) | 4840 (5290) | 4840 (5290) |
| Breite | 2020 | 2020 | 2020 |
| Höhe | 2570 | 2570 | 2570 |
| Spur vorne | 1750 | 1750 | 1750 |
| Spur hinten | 1740 | 1740 | 1740 |
| Radstand | 2500 (2950) | 2500 (2950) | 2500 (2950) |
| | | | |
| **Pritschenwagen** | | | |
| Länge | 4870 (5625) | 4870 (5625) | 4870 (5625) |
| Breite | 2140 | 2140 | 2140 |
| Höhe | 2090 | 2090 | 2090 |
| Spur vorne | 1750 | 1750 | 1750 |
| Spur hinten | 1740 | 1740 | 1740 |
| Radstand | 2500 (2950) | 2500 (2950) | 2500 (2950) |
| | | | |
| **Doppelkabine** | | | |
| Länge | 5325 | 5325 | 5325 |
| Breite | 2140 | 2140 | 2140 |
| Höhe | 2140 | 2140 | 2140 |
| Spur vorne | 1750 | 1750 | 1750 |
| Spur hinten | 1740 | 1740 | 1740 |
| Radstand | 2950 | 2950 | 2950 |

| Gewichte und Volumen | | | |
|---|---|---|---|
| **Kastenwagen (Radstand 2950 mm)** | | | |
| Wagengewicht (kg) | 1630 | 1770 | 1730 |
| Zulässiges Gesamtgewicht (kg) | 3080 | 3220 | 3200 |
| Ladevolumen ($m^3$) | 7,9 (9) | 7,9 (9) | 7,9 (9) |
| | | | |
| **Hochdach-Kastenwagen (Radstand 2950 mm)** | | | |
| Wagengewicht (kg) | 1680 | 1820 | 1780 |
| Zulässiges Gesamtgewicht (kg) | 3080 | 3220 | 3200 |
| Ladevolumen ($m^3$) | 10,1 (11,6) | 10,1 (11,6) | 10,1 (11,6) |
| | | | |
| **Pritschenwagen (Radstand 2950 mm)** | | | |
| Wagengewicht (kg) | 1600 | 1770 | 1730 |
| Zulässiges Gesamtgewicht (kg) | 3080 | 3220 | 3200 |
| Ladefläche ($m^3$) | 6 (7,5) | 6 (7,5) | 6 (7,5) |
| | | | |
| **Doppelkabine** | | | |
| Wagengewicht (kg) | 1825 | 1965 | 1925 |
| Zulässiges Gesamtgewicht (kg) | 3080 | 3220 | 3200 |
| Ladefläche ($m^3$) | 5,1 | 5,1 | 5,1 |

| MODELL | LT 31 | LT 31 D | LT 31 TD |
|---|---|---|---|
| **Technische Daten** | | | |
| **Antrieb** | | | |
| Bauzeit | 1983–1996 | 1983–1996 | 1985–1996 |
| Motor | VW Benzinmotor mit Fallstrom-Regelvergaser | VW Wirbelkammer-Diesel | VW Wirbelkammer-Diesel mit Turbolader |
| Hubraum (cm³) | 2384 | 2384 | 2384 |
| Bohrung x Hub (mm) | 76,5 x 86,4 | 76,5 x 86,4 | 76,5 x 86,4 |
| Leistung PS (kW) | 90 (66), ab 1993: 90 (69) | 75 (55), ab 1993: 67 (51) | 102 (75), ab 1993: 91 (70) |
| Getriebe | 4 oder 5 Gang | 5 Gang | 5 Gang |
| Tankinhalt (l) | 70 | 70 | 70 |

| | | | |
|---|---|---|---|
| **Abmessungen (mm)** | | | |
| **Kastenwagen** | | | |
| Länge | 4855 (5305) | 4855 (5305) | 4855 (5305) |
| Breite | 2040 | 2040 | 2040 |
| Höhe | 2160 | 2160 | 2160 |
| Spur vorne | 1750 | 1750 | 1750 |
| Spur hinten | 1740 | 1740 | 1740 |
| Radstand | 2500 (2950) | 2500 (2950) | 2500 (2950) |
| Busse „Braunschweig" und „Hannover": Radstand 2500 mm | | | |
| **Hochdach-Kastenwagen** | | | |
| Länge | 4855 (5305) | 4855 (5305) | 4855 (5305) |
| Breite | 2040 | 2040 | 2040 |
| Höhe | 2570 | 2570 | 2570 |
| Spur vorne | 1750 | 1750 | 1750 |
| Spur hinten | 1740 | 1740 | 1740 |
| Radstand | 2500 (2950) | 2500 (2950) | 2500 (2950) |
| Bus „Wolfsburg" (Hochdach): 2950 mm | | | |
| **Pritschenwagen** | | | |
| Länge | 4875 (5630) | 4875 (5630) | 4875 (5630) |
| Breite | 2140 | 2140 | 2140 |
| Höhe | 2105 | 2105 | 2105 |
| Spur vorne | 1750 | 1750 | 1750 |
| Spur hinten | 1740 | 1740 | 1740 |
| Radstand | 2500 (2950) | 2500 (2950) | 2500 (2950) |
| **Tieflade-Pritschenwagen wie Pritschenwagen Radstand 2500 mm** | | | |
| **Pritschenwagen und Tieflade-Pritschenwagen mit Doppelkabine** | | | |
| Länge | 5330 | 5330 | 5330 |
| Breite | 2015 | 2015 | 2015 |
| Höhe | 2140 | 2140 | 2140 |
| Spur vorne | 1750 | 1750 | 1750 |
| Spur hinten | 1740 | 1740 | 1740 |
| Radstand | 2950 | 2950 | 2950 |

| MODELL | LT 31 | LT 31 D | LT 31 TD |
|---|---|---|---|
| **Gewichte und Volumen** | | | |
| **Kastenwagen (langer Radstand)** | | | |
| Wagengewicht (kg) | 1745 | 1800 | 1815 |
| Zulässiges Gesamtgewicht (kg) | 3200 | 3200 | 3200 |
| Ladevolumen($m^3$) | 7,9 (9) | 7,9 (9) | 7,9 (9) |
| | | | |
| **Hochdach-Kastenwagen (Radstand 2950 mm)** | | | |
| Wagengewicht (kg) | 1795 | 1850 | 1865 |
| Zulässiges Gesamtgewicht (kg) | 3200 | 3200 | 3200 |
| Ladevolumen ($m^3$) | 10,1 (11,6) | 10,1 (11,6) | 10,1 (11,6) |
| | | | |
| **Pritschenwagen (Radstand 2950 mm)** | | | |
| Wagengewicht (kg) | 1740 | 1795 | 1810 |
| Zulässiges Gesamtgewicht (kg) | 3200 | 3200 | 3200 |
| Ladefläche ($m^2$) | 6 (7,5) | 6 (7,5) | 6 (7,5) |
| | | | |
| **Tieflade-Pritschenwagen** | | | |
| Wagengewicht (kg) | 1740 | 1795 | 1810 |
| Zulässiges Gesamtgewicht (kg) | 3200 | 3200 | 3200 |
| Ladefläche ($m^2$) | k. A.* | k. A.* | k. A.* |
| | | | |
| **Pritschenwagen und Tieflade-Pritschenwagen mit Doppelkabine** | | | |
| Wagengewicht (kg) | 1915 | 1970 | 1985 |
| Zulässiges Gesamtgewicht (kg) | 3200 | 3200 | 3200 |
| Ladefläche ($m^2$) | 5,1 | 5,1 | 5,1 |
| | | | |
| **Busse „Braunschweig" und „Hannover"** | | | |
| Wagengewicht (kg) | k. A.* | k. A.* | k. A.* |
| Zulässiges Gesamtgewicht (kg) | 3200 | 3200 | 3200 |
| Ladevolumen ($m^3$) | k. A.* | k. A.* | k. A.* |
| | | | |
| **Hochdach-Bus „Wolfsburg"** | | | |
| Wagengewicht (kg) | k. A.* | k. A.* | k. A.* |
| Zulässiges Gesamtgewicht (kg) | 3400 | 3400 | 3400 |
| Ladevolumen ($m^3$) | k. A.* | k. A.* | k. A.* |

lichtgrau A7A7 – leuchtorange E1E1 – marinogelb E6E6 – neptunblau J6J6 – taigagrün P4P4 – pastellweiß R1R1 –

| MODELL | LT 35 | LT 35 D | LT 35 D |
|---|---|---|---|
| **Technische Daten** | | | |
| **Antrieb** | | | |
| Bauzeit | 1976–1982 | 1976–1979 | 1979–1982 |
| Motor | VW Benzinmotor mit Fallstromvergaser | Perkins Wirbelkammer-Diesel | VW Wirbelkammer-Diesel |
| Hubraum ($cm^3$) | 1984 | 2710 | 2383 |
| Bohrung x Hub (mm) | 85,5 x 84,4 | 92 x 101,6 | 76,5 x 86,4 |
| Leistung PS (kW) | 75 (55) | 65 (48) | 75 (55) |
| Getriebe | 4 Gang (ab 1979 auch 5 Gang) | 4 Gang | 5 Gang |
| Tankinhalt (l) | 70 | 70 | 70 |

| | | | |
|---|---|---|---|
| **Abmessungen (mm)** | | | |
| **Kastenwagen (Hochdach)** | | | |
| Länge | 4840 | 4840 | 4840 |
| Breite | 2080 | 2080 | 2080 |
| Höhe | 2200 (2610) | 2200 (2610) | 2200 (2610) |
| Spur vorne | 1750 | 1750 | 1750 |
| Spur hinten | 1740 | 1740 | 1740 |
| Radstand | 2500 | 2500 | 2500 |
| | | | |
| **Pritschenwagen** | | | |
| Länge | 4870 (5625) | 4870 (5625) | 4870 (5625) |
| Breite | 2140 | 2140 | 2140 |
| Höhe | 2090 | 2090 | 2090 |
| Spur vorne | 1750 | 1750 | 1750 |
| Spur hinten | 1740 | 1740 | 1740 |
| Radstand | 2500 (2950) | 2500 (2950) | 2500 (2950) |
| | | | |
| **Doppelkabine** | | | |
| Länge | 5325 | 5325 | 5325 |
| Breite | 2140 | 2140 | 2140 |
| Höhe | 2090 | 2090 | 2090 |
| Spur vorne | 1750 | 1750 | 1750 |
| Spur hinten | 1740 | 1740 | 1740 |
| Radstand | 2950 | 2950 | 2950 |

| | | | |
|---|---|---|---|
| **Gewichte und Volumen** | | | |
| **Kastenwagen** | | | |
| Wagengewicht (kg) | 1740 | 1880 | 1840 |
| Zulässiges Gesamtgewicht (kg) | 3500 | 3640 | 3640 |
| Ladevolumen ($m^3$) | 7,9 | 7,9 | 7,9 |
| | | | |
| **Pritschenwagen (Radstand 2950 mm)** | | | |
| Wagengewicht (kg) | 1675 | 1815 | 1775 |
| Zulässiges Gesamtgewicht (kg) | 3500 | 3640 | 3640 |
| Ladefläche ($m^2$) | 6 (7,5) | 6 (7,5) | 6 (7,5) |
| | | | |
| **Doppelkabine** | | | |
| Wagengewicht (kg) | 1880 | 2020 | 1980 |
| Zulässiges Gesamtgewicht (kg) | 3500 | 3640 | 3500 |
| Ladevolumen ($m^3$) | 5,1 | 5,1 | 5,1 |

| MODELL | LT 35 | LT 35 D | LT 35 TD |
|---|---|---|---|
| **Technische Daten** | | | |
| **Antrieb** | | | |
| Bauzeit | 1983–1996 | 1983–1996 | 1985–1996 |
| Motor | VW Benzinmotor mit Register-Fallstromvergaser, ab 1993: Direkteinspritzung | VW Wirbelkammer-Diesel | VW Wirbelkammer-Diesel mit Abgasturbolader |
| Hubraum ($cm^3$) | 2384 | 2384 | 2384 |
| Bohrung x Hub (mm) | 76,5 x 86,4 | 76,5 x 86,4 | 76,5 x 86,4 |
| Leistung PS (kW) | 90 (66), ab 1993: 90 (69) | 75 (55), ab 1993: 67 (51) | 102 (75), ab 1993: 91 (70) |
| Getriebe | 4 oder 5 Gang | 5 Gang | 5 Gang |
| Tankinhalt (l) | 70 | 70 | 70 |

| | | | |
|---|---|---|---|
| **Abmessungen (mm)** | | | |
| **Kastenwagen (Radstand 2950 mm)** | | | |
| Länge | 4855 (5305) | 4840 (5305) | 4840 (5305) |
| Breite | 2040 | 2040 | 2040 |
| Höhe | 2175 | 2175 | 2175 |
| Spur vorne | 1750 | 1750 | 1750 |
| Spur hinten | 1740 | 1740 | 1740 |
| Radstand | 2500 (2950) | 2500 (2950) | 2500 (2950) |
| | | | |
| **Hochdach-Kastenwagen (Radstand 2950 mm)** | | | |
| Länge | 4840 (5305) | 4840 (5305) | 4840 (5305) |
| Breite | 2080 | 2080 | 2080 |
| Höhe | 2585 | 2585 | 2585 |
| Spur vorne | 1750 | 1750 | 1750 |
| Spur hinten | 1740 | 1740 | 1740 |
| Radstand | 2500 (2950) | 2500 (2950) | 2500 (2950) |
| | | | |
| **Pritschenwagen, Tiefladepritschenwagen (Radstand 2950 mm)** | | | |
| Länge | 4875 (5630) | 4875 (5630) | 4875 (5630) |
| Breite | 2140 | 2140 | 2140 |
| Höhe | 2105 | 2105 | 2105 |
| Spur vorne | 1750 | 1750 | 1750 |
| Spur hinten | 1740 | 1740 | 1740 |
| Radstand | 2500 (2950) | 2500 (2950) | 2500 (2950) |
| | | | |
| **Pritschenwagen und Tieflade-Pritschenwagen mit Doppelkabine** | | | |
| Länge | 5330 | 5330 | 5330 |
| Breite | 2140 | 2140 | 2140 |
| Höhe | 2015 | 2015 | 2015 |
| Spur vorne | 1750 | 1750 | 1750 |
| Spur hinten | 1740 | 1740 | 1740 |
| Radstand | 2950 | 2950 | 2950 |
| | | | |
| **Pritschenwagen (Radstand 2950 mm)** | | | |
| Länge | 4875 (5630) | 4875 (5630) | |
| Breite | 2140 | 2140 | |
| Höhe | 2015 | 2015 | |
| Spur vorne | 1750 | 1750 | |
| Spur hinten | 1740 | 1740 | |
| Radstand | 2500 (2950) | 2500 (2950) | |

| MODELL | LT 35 | LT 35 D | LT 35 TD |
|---|---|---|---|
| **Pritschenwagen mit Doppelkabine** | | | |
| Länge | 5330 | 5330 | |
| Breite | 2140 | 2140 | |
| Höhe | 2110 | 2110 | |
| Spur vorne | 1750 | 1750 | |
| Spur hinten | 1740 | 1740 | |
| Radstand | 2950 | 2950 | |

| | | | |
|---|---|---|---|
| **Gewichte und Volumen** | | | |
| **Kastenwagen (langer Radstand)** | | | |
| Wagengewicht (kg) | 1765 | 1820 | 1835 |
| Zulässiges Gesamtgewicht (kg) | 3500 | 3640 | 3640 |
| Ladevolumen ($m^3$) | 7,9 (9) | 7,9 (9) | 7,9 (9) |
| | | | |
| **Hochdach-Kastenwagen (langer Radstand)** | | | |
| Wagengewicht (kg) | 1765 | 1820 | 1835 |
| Zulässiges Gesamtgewicht (kg) | k. A.* | k. A.* | k. A.* |
| Ladevolumen ($m^3$) | 10,1 (11,6) | 10,1 (11,6) | 10,1 (11,6) |
| | | | |
| **Pritschenwagen (langer Radstand)** | | | |
| Wagengewicht (kg) | 1760 | 1815 | 1830 |
| Zulässiges Gesamtgewicht (kg) | 3500 | 3640 | 3500 |
| Ladefläche ($m^2$) | 6 (7,5) | 6 (7,5) | 6 (7,5) |
| | | | |
| **Tieflade-Pritschenwagen siehe Pritschenwagen** | | | |
| | | | |
| **Pritschenwagen und Tieflade-Pritschenwagen mit Doppelkabine** | | | |
| Wagengewicht (kg) | 1935 | 1990 | 2005 |
| Zulässiges Gesamtgewicht (kg) | 3500 | 3640 | 3500 |
| Ladefläche ($m^2$) | k. A.* | k. A.* | k. A.* |
| | | | |
| **Pritschenwagen II (ab August 1975)** | | | |
| Wagengewicht (kg) | 1795 | 1850 | |
| Zulässiges Gesamtgewicht (kg) | 3500 | 3500 | |
| Ladefläche ($m^2$) | 6 (7,5) | 6 (7,5) | |
| | | | |
| **Pritschenwagen mit Doppelkabine** | | | |
| Wagengewicht (kg) | 1970 | 2025 | |
| Zulässiges Gesamtgewicht (kg) | 3500 | 3500 | |
| Ladefläche ($m^2$) | 5,1 | 5,1 | |
| | | | |
| k. A. = Keine Angabe | | | |

| MODELL | LT 40 | LT 40 D |
|---|---|---|
| **Technische Daten** | | |
| **Antrieb** | | |
| Bauzeit | 1978–1982 | 1978–1982 |
| Motor | VW Benzinmotor mit Fallstromvergaser | VW Wirbelkammer-Diesel |
| Hubraum ($cm^3$) | 1984 | 2383 |
| Bohrung x Hub (mm) | 86,5 x 84,4 | 76,5 x 86,4 |
| Leistung PS (kW) | 75 (55) | 75 (55) |
| Getriebe | 4 Gang | 5 Gang |
| Tankinhalt (l) | 70 | 70 |

| | | |
|---|---|---|
| **Abmessungen (mm)** | | |
| **Hochdach-Kastenwagen** | | |
| Länge | 5290 | 5290 |
| Breite | 2060 | 2060 |
| Höhe | 2640 | 2640 |
| Spur vorne | 1750 | 1750 |
| Spur hinten | 1500 | 1500 |
| Radstand | 2950 | 2950 |
| **Pritschenwagen** | | |
| Länge | 5625 | 5625 |
| Breite | 2140 | 2140 |
| Höhe | 2150 | 2150 |
| Spur vorne | 1750 | 1750 |
| Spur hinten | 1500 | 1500 |
| Radstand | 2950 | 2950 |
| **Doppelkabine** | | |
| Länge | 5325 | 5325 |
| Breite | 2015 | 2015 |
| Höhe | 2140 | 2140 |
| Spur vorne | 1750 | 1750 |
| Spur hinten | 1500 | 1500 |
| Radstand | 2950 | 2950 |

| | | |
|---|---|---|
| **Maße und Gewichte** | | |
| **Hochdach-Kastenwagen** | | |
| Wagengewicht (kg) | 2000 | 2100 |
| Zulässiges Gesamtgewicht (kg) | 4000 | 4000 |
| Ladevolumen ($m^3$) | 11,6 | 11,6 |
| **Pritschenwagen** | | |
| Wagengewicht (kg) | 1915 | 2015 |
| Zulässiges Gesamtgewicht (kg) | 4000 | 4000 |
| Ladefläche ($m^2$) | 7,5 | 7,5 |
| **Doppelkabine** | | |
| Wagengewicht (kg) | 2070 | 2170 |
| Zulässiges Gesamtgewicht (kg) | 4000 | 4000 |
| Ladefläche ($m^2$) | 5,1 | 5,1 |

| MODELL | LT 40 | LT 40 D | LT 40 TD |
|---|---|---|---|
| **Technische Daten** | | | |
| **Antrieb** | | | |
| Bauzeit | 1983–1996 | 1983–1996 | 1983–1996 |
| Motor | VW Benzinmotor mit Fallstromvergaser, ab 1993: Direkteinspritzung | VW Wirbelkammer-Diesel | VW Wirbelkammer-Diesel mit Abgasturbolader |
| Hubraum ($cm^3$) | 2384 | 2384 | 2384 |
| Bohrung x Hub (mm) | 76,5 x 86,4 | 76,5 x 86,4 | 76,5 x 86,4 |
| Leistung PS (kW) | 90 (66), ab 1993: 90 (69 ) | 75 (55), ab 1993: 67 PS (51 ) | 102 (75)m ab 1993: 91 (70) |
| Getriebe | 4 oder 5 Gang | 5 Gang | 5 Gang |
| Tankinhalt (l) | 70 | 70 | 70 |

| | | | |
|---|---|---|---|
| **Abmessungen (mm)** | | | |
| **Kastenwagen** | | | |
| Länge | 5305 | 5305 | 5305 |
| Breite | 2050 | 2050 | 2050 |
| Höhe | 2250 | 2250 | 2250 |
| Spur vorne | 1750 | 1750 | 1750 |
| Spur hinten | 1500 | 1500 | 1500 |
| Radstand | 2950 | 2950 | 2950 |
| | | | |
| **Hochdach-Kastenwagen** | | | |
| Länge | 5305 | 5305 | 5305 |
| Breite | 2050 | 2050 | 2050 |
| Höhe | 2660 | 2660 | 2660 |
| Spur vorne | 1750 | 1750 | 1750 |
| Spur hinten | 1500 | 1500 | 1500 |
| Radstand | 2950 | 2950 | 2950 |
| | | | |
| **Pritschenwagen (Radstand 2950 mm)** | | | |
| Länge | 5630 (6545) | 5630 (6545) | 5630 (6545) |
| Breite | 2140 (2370) | 2140 (2370) | 2140 (2370) |
| Höhe | 2115 | 2115 | 2115 |
| Spur vorne | 1750 | 1750 | 1750 |
| Spur hinten | 1500 | 1500 | 1500 |
| Radstand | 2950 (3650) | 2950 (3650) | 2950 (3650) |
| | | | |
| **Pritschenwagen mit Doppelkabine (Radstand 2950 mm)** | | | |
| Länge | 5330 (6560) | 5330 (6560) | 5330 (6560) |
| Breite | 2410 | 2410 | 2410 |
| Höhe | 2115 | 2115 | 2115 |
| Spur vorne | 1750 | 1750 | 1750 |
| Spur hinten | 1500 | 1500 | 1500 |
| Radstand | 2950 (3650) | 2950 (3650) | 2950 (3650) |

| MODELL | LT 40 | LT 40 D | LT 40 TD |
|---|---|---|---|
| **Gewichte und Volumen** | | | |
| **Kastenwagen** | | | |
| Wagengewicht (kg) | 2075 | 2130 | 2145 |
| Zulässiges Gesamtgewicht (kg) | 4000 | 4000 | 4000 |
| Ladevolumen (m³) | 9 | 9 | 9 |
| | | | |
| **Hochdach-Kastenwagen** | | | |
| Wagengewicht (kg) | 2125 | 2180 | 2195 |
| Zulässiges Gesamtgewicht (kg) | 4000 | 4000 | 4000 |
| Ladevolumen (m³) | 11,6 | 11,6 | 11,6 |
| | | | |
| **Pritschenwagen (Radstand 2950 mm)** | | | |
| Wagengewicht (kg) | 1995 | 2050 | 2065 |
| Zulässiges Gesamtgewicht (kg) | 4000 | 4000 | 4000 |
| Ladefläche (m²) | 7,5 (10,1) | 7,5 (10,1) | 7,5 (10,1) |
| | | | |
| **Pritschenwagen mit Doppelkabine (Radstand 3650 mm)** | | | |
| Wagengewicht (kg) | 2080 (2300) | 2135 (2355) | 2150 (2370) |
| Zulässiges Gesamtgewicht (kg) | 4000 | 4000 | 4000 |
| Ladefläche (m²) | 5,1 (7,6) | 5,1 (7,6) | 5,1 (7,6) |

| MODELL | LT 40 4X4 | LT 40 4X4 D | LT 40 4X4 TD |
|---|---|---|---|
| **Technische Daten** | | | |
| **Antrieb** | | | |
| Bauzeit | 1985–1993 | 1985–1993 | 1985–1996 |
| Motor | VW Benzinmotor mit Fallstrom-Registervergaser, ab 1993: Direkteinspritzung | VW Wirbelkammer-Diesel | VW Wirbelkammer-Diesel mit Abgasturbolader |
| Hubraum (cm³) | 2384 | 2384 | 2384 |
| Bohrung x Hub (mm) | 76,5 x 86,4 | 76,5 x 86,4 | 76,5 x 86,4 |
| Leistung PS (kW) | 90 (66) | 75 (55) | 102 (75), ab 1993: 91 (70) |
| Getriebe | 5 Gang + Vorgelege | 5 Gang + Vorgelege | 5 Gang + Vorgelege |
| Tankinhalt (l) | 70 | 70 | 70 |

| | | | |
|---|---|---|---|
| **Abmessungen (mm)** | | | |
| **Kastenwagen** | | | |
| Länge | 5305 | 5305 | 5305 |
| Breite | 2085 | 2085 | 2085 |
| Höhe | 2360 | 2360 | 2360 |
| Spur vorne | 1750 | 1750 | 1750 |
| Spur hinten | 1500 | 1500 | 1500 |
| Radstand | 2950 | 2950 | 2950 |
| | | | |
| **Pritschenwagen** | | | |
| Länge | 5630 | 5630 | 5630 |
| Breite | 2140 | 2140 | 2140 |
| Höhe | 2225 | 2225 | 2225 |
| Spur vorne | 1750 | 1750 | 1750 |
| Spur hinten | 1500 | 1500 | 1500 |
| Radstand | 2950 | 2950 | 2950 |

| MODELL | LT 40 4X4 | LT 40 4X4 D | LT 40 4X4 TD |
|---|---|---|---|
| **Pritschenwagen mit Doppelkabine** | | | |
| Länge | 5330 | 5330 | 5330 |
| Breite | 2140 | 2140 | 2140 |
| Höhe | 2225 | 2225 | 2225 |
| Spur vorne | 1750 | 1750 | 1750 |
| Spur hinten | 1500 | 1500 | 1500 |
| Radstand | 2950 | 2950 | 2950 |

| | | | |
|---|---|---|---|
| **Gewichte und Volumen** | | | |
| **Kastenwagen** | | | |
| Wagengewicht (kg) | 2375 | 2430 | 2445 |
| Zulässiges Gesamtgewicht (kg) | 4500 | 4500 | 4500 |
| Ladevolumen ($m^3$) | 9 | 9 | 9 |
| | | | |
| **Hochdach-Kastenwagen** | | | |
| Wagengewicht (kg) | 2375 | 2430 | 2445 |
| Zulässiges Gesamtgewicht (kg) | 4000 | 4000 | 4000 |
| Ladevolumen ($m^3$) | 11,6 | 11,6 | 11,6 |
| | | | |
| **Pritschenwagen** | | | |
| Wagengewicht (kg) | 2345 | 2400 | 2415 |
| Zulässiges Gesamtgewicht (kg) | 4000 | 4000 | 4000 |
| Ladefläche ($m^2$) | 7,5 | 7,5 | 7,5 |
| | | | |
| **Pritschenwagen mit Doppelkabine** | | | |
| Wagengewicht (kg) | 2430 | 2485 | 2500 |
| Zulässiges Gesamtgewicht (kg) | 4000 | 4000 | 4000 |
| Ladefläche ($m^2$) | 5,1 | 5,1 | 5,1 |

| MODELL | LT 45 | LT 45 D |
|---|---|---|
| **Technische Daten** | | |
| **Antrieb** | | |
| Bauzeit | 1978–1982 | 1978–1982 |
| Motor | VW Benzinmotor mit Fallstromvergaser | VW Wirbelkammer-Diesel |
| Hubraum ($cm^3$) | 1984 | 2383 |
| Bohrung x Hub (mm) | 86,5 x 84,4 | 76,5 x 86,4 |
| Leistung PS (kW) | 75 (55) | 75 (55) |
| Getriebe | 4 Gang | 5 Gang |
| Tankinhalt (l) | 70 | 70 |

| | | |
|---|---|---|
| **Abmessungen (mm)** | | |
| **Hochdach-Kastenwagen** | | |
| Länge | 5290 | 5290 |
| Breite | 2060 | 2060 |
| Höhe | 2640 | 2640 |
| Spur vorne | 1750 | 1750 |
| Spur hinten | 1500 | 1500 |
| Radstand | 2950 | 2950 |
| | | |
| **Pritschenwagen** | | |
| Länge | 5625 | 5625 |
| Breite | 2140 | 2140 |
| Höhe | 2150 | 2150 |
| Spur vorne | 1750 | 1750 |
| Spur hinten | 1500 | 1500 |
| Radstand | 2950 | 2950 |
| | | |
| **Doppelkabine** | | |
| Länge | 5325 | 5325 |
| Breite | 2015 | 2015 |
| Höhe | 2140 | 2140 |
| Spur vorne | 1750 | 1750 |
| Spur hinten | 1500 | 1500 |
| Radstand | 2950 | 2950 |

| | | |
|---|---|---|
| **Gewichte und Volumen** | | |
| **Hochdach-Kastenwagen** | | |
| Wagengewicht (kg) | 2000 | 2100 |
| Zulässiges Gesamtgewicht (kg) | 4500 | 4500 |
| Ladevolumen ($m^3$) | 11,6 | 11,6 |
| | | |
| **Pritschenwagen** | | |
| Wagengewicht (kg) | 1915 | 2015 |
| Zulässiges Gesamtgewicht (kg) | 4500 | 4500 |
| Ladefläche ($m^2$) | 7,5 | 7,5 |
| | | |
| **Doppelkabine** | | |
| Wagengewicht (kg) | 2070 | 2170 |
| Zulässiges Gesamtgewicht (kg) | 4000 | 4000 |
| Ladefläche ($m^2$) | 5,1 | 5,1 |

| MODELL | LT 45 | LT 45 D | LT 45 TD |
|---|---|---|---|
| **Technische Daten** | | | |
| **Antrieb** | | | |
| Bauzeit | 1983- 1993 | 1983- 1996 | 1983- 1996 |
| Motor | VW Benzinmotor mit Fallstromvergaser | VW Wirbelkammer-Diesel | VW Wirbelkammer-Diesel mit Abgasturbolader |
| Hubraum (cm³) | 2384 | 2384 | 2384 |
| Bohrung x Hub (mm) | 76,5 x 86,4 | 76,5 x 86,4 | 76,5 x 86,4 |
| Leistung PS (kW) | 90 (66) | 75 (55), ab 1996: 67 (51) | 102 (75), ab 1996: 91 (70) |
| Getriebe | 4 oder 5 Gang | 5 Gang | 5 Gang |
| Tankinhalt (l) | 70 | 70 | 70 |

| | | | |
|---|---|---|---|
| **Abmessungen (mm)** | | | |
| **Kastenwagen** | | | |
| Länge | 5305 | 5305 | 5305 |
| Breite | 2050 | 2050 | 2050 |
| Höhe | 2250 | 2250 | 2250 |
| Spur vorne | 1750 | 1750 | 1750 |
| Spur hinten | 1500 | 1500 | 1500 |
| Radstand | 2950 | 2950 | 2950 |
| | | | |
| **Pritschenwagen (Radstand 3650 mm)** | | | |
| Länge | 5630 (6545) | 5630 (6545) | 5630 (6545) |
| Breite | 2140 (2370) | 2140 (2370) | 2140 (2370) |
| Höhe | 2115 | 2115 | 2115 |
| Spur vorne | 1750 | 1750 | 1750 |
| Spur hinten | 1500 | 1500 | 1500 |
| Radstand | 2950 (3650) | 2950 (3650) | 2950 (3650) |
| | | | |
| **Pritschenwagen mit Doppelkabine (Radstand 3650 mm)** | | | |
| Länge | 5330 (6560) | 5330 (6560) | 5330 (6560) |
| Breite | 2410 | 2410 | 2410 |
| Höhe | 2115 | 2115 | 2115 |
| Spur vorne | 1750 | 1750 | 1750 |
| Spur hinten | 1500 | 1500 | 1500 |
| Radstand | 2950 (3650) | 2950 (3650) | 2950 (3650) |

| | | | |
|---|---|---|---|
| **Gewichte und Volumen** | | | |
| **Kastenwagen** | | | |
| Wagengewicht (kg) | 2075 | 2130 | 2145 |
| Zulässiges Gesamtgewicht (kg) | 4600 | 4600 | 4600 |
| Ladevolumen (m³) | 9 | 9 | 9 |
| | | | |
| **Pritschenwagen (Radstand 3650 mm)** | | | |
| Wagengewicht (kg) | 1995 | 2050 | 2065 |
| Zulässiges Gesamtgewicht (kg) | 4600 | 4600 | 4600 |
| Ladefläche (m²) | 7,5 (10,1) | 7,5 (10,1) | 7,5 (10,1) |
| | | | |
| **Pritschenwagen mit Doppelkabine (Radstand 3650 mm)** | | | |
| Wagengewicht (kg) | 2080 | 2135 | 2150 |
| Zulässiges Gesamtgewicht (kg) | 4600 | 4600 | 4600 |
| Ladefläche (m²) | 5,1 (7,6) | 5,1 (7,6) | 5,1 (7,6) |

| MODELL | LT 45 4X4 | LT 45 4X4 D | LT 45 4X4 TD |
|---|---|---|---|
| **Technische Daten** | | | |
| **Antrieb** | | | |
| Bauzeit | 1985- 1993 | 1985- 1996 | 1985- 1996 |
| Motor | VW Fallstrom-Registervergaser | VW Wirbelkammer-Diesel | VW Wirbelkammer-Diesel mit Abgasturbolader |
| Hubraum (cm³) | 2384 | 2384 | 2384 |
| Bohrung x Hub (mm) | 76,5 x 86,4 | 76,5 x 86,4 | 76,5 x 86,4 |
| Leistung PS (kW) | 90 (66) | 75 (55), ab 1993: 67 (51) | 102 (75), ab 1993: 91 (70) |
| Getriebe | 5 Gang + Vorgelege | 5 Gang + Vorgelege | 5 Gang + Vorgelege |
| Tankinhalt (l) | 70 | 70 | 70 |

| | | | |
|---|---|---|---|
| **Abmessungen (mm)** | | | |
| **Kastenwagen** | | | |
| Länge | 5305 | 5305 | 5305 |
| Breite | 2085 | 2085 | 2085 |
| Höhe | 2360 | 2360 | 2360 |
| Spur vorne | 1750 | 1750 | 1750 |
| Spur hinten | 1500 | 1500 | 1500 |
| Radstand | 2950 | 2950 | 2950 |
| **Pritschenwagen** | | | |
| Länge | 5630 | 5630 | 5630 |
| Breite | 2140 | 2140 | 2140 |
| Höhe | 2265 | 2265 | 2265 |
| Spur vorne | 1750 | 1750 | 1750 |
| Spur hinten | 1500 | 1500 | 1500 |
| Radstand | 2950 | 2950 | 2950 |
| **Pritschenwagen mit Doppelkabine** | | | |
| Länge | 5330 | 5330 | 5330 |
| Breite | 2140 | 2140 | 2140 |
| Höhe | 2265 | 2265 | 2265 |
| Spur vorne | 1750 | 1750 | 1750 |
| Spur hinten | 1500 | 1500 | 1500 |
| Radstand | 2950 | 2950 | 2950 |

| | | | |
|---|---|---|---|
| **Gewichte und Volumen** | | | |
| **Kastenwagen** | | | |
| Wagengewicht (kg) | 2375 | 2430 | 2445 |
| Zulässiges Gesamtgewicht (kg) | 4500 | 4500 | 4500 |
| Ladevolumen (m³) | 9 | 9 | 9 |
| **Hochdach-Kastenwagen** | | | |
| Wagengewicht (kg) | 2375 | 2430 | 2445 |
| Zulässiges Gesamtgewicht (kg) | 4000 | 4000 | 4000 |
| Ladevolumen (m³) | 11,6 | 11,6 | 11,6 |
| **Pritschenwagen** | | | |
| Wagengewicht (kg) | 2445 | 2500 | 2515 |
| Zulässiges Gesamtgewicht (kg) | 4500 | 4500 | 4500 |
| Ladefläche (m²) | 7,5 | 7,5 | 7,5 |

| MODELL | LT 45 4X4 | LT 45 4X4 D | LT 45 4X4 TD |
|---|---|---|---|
| **Pritschenwagen mit Doppelkabine** | | | |
| Wagengewicht (kg) | 2530 | 2585 | 2600 |
| Zulässiges Gesamtgewicht (kg) | 4500 | 4500 | 4500 |
| Ladefläche ($m^2$) | 5,1 | 5,1 | 5,1 |

| MODELL | LT 50 | LT 50 D | LT 50 TD |
|---|---|---|---|
| **Technische Daten** | | | |
| **Antrieb** | | | |
| Bauzeit | 1983- 1993 | 1983- 1996 | 1983-1996 |
| Motor | VW Benzinmotor mit Fallstrom-Registervergaser, ab 1993: Direkteinspritzung | VW Wirbelkammer-Diesel | VW Wirbelkammer-Diesel mit Abgasturbolader |
| Hubraum ($cm^3$) | 2384 | 2384 | 2384 |
| Bohrung x Hub (mm) | 76,5 x 86,4 | 76,5 x 86,4 | 76,5 x 86,4 |
| Leistung PS (kW) | 90 (66) | 75 (55), ab 1993: 67 (51) | 102 (75), ab 1993: 91 (70) |
| Getriebe | 4 oder 5 Gang | 5 Gang | 5 Gang |
| Tankinhalt (l) | 70 | 70 | 70 |

| | | | |
|---|---|---|---|
| **Abmessungen (mm)** | | | |
| **Pritschenwagen (langer Radstand)** | | | |
| Länge | 5630 (6545) | 5630 (6545) | 5630 (6545) |
| Breite | 2140 (2370) | 2140 (2370) | 2140 (2370) |
| Höhe | 2115 | 2115 | 2115 |
| Spur vorne | 1750 | 1750 | 1750 |
| Spur hinten | 1500 | 1500 | 1500 |
| Radstand | 2950 (3650) | 2950 (3650) | 2950 (3650) |
| | | | |
| **Pritschenwagen mit Doppelkabine (Radstand 3650)** | | | |
| Länge | 5330 (6560) | 5330 (6560) | 5330 (6560) |
| Breite | 2140 | 2140 | 2140 |
| Höhe | 2225 | 2225 | 2225 |
| Spur vorne | 1750 | 1750 | 1750 |
| Spur hinten | 1500 | 1500 | 1500 |
| Radstand | 2950 (3650) | 2950 (3650) | 2950 (3650) |

| | | | |
|---|---|---|---|
| **Gewichte und Volumen** | | | |
| **Pritschenwagen (langer Radstand)** | | | |
| Wagengewicht (kg) | 2100 | 2155 | 2170 |
| Zulässiges Gesamtgewicht (kg) | 5000 | 5000 | 5000 |
| Ladefläche ($m^2$) | 7,5 (10,1) | 7,5 (10,1) | 7,5 (10,1) |
| | | | |
| **Pritschenwagen mit Doppelkabine (langer Radstand)** | | | |
| Wagengewicht (kg) | 2180 | 2235 | 2250 |
| Zulässiges Gesamtgewicht (kg) | 5000 | 5000 | 5000 |
| Ladefläche ($m^2$) | 5,1 (7,6) | 5,1 (7,6) | 5,1 (7,6) |

| MODELL | LT 50 D | LT 50 TD |
|---|---|---|
| **Technische Daten** | | |
| **Antrieb** | | |
| Bauzeit | 1985- 1996 | 1985- 1996 |
| Motor | VW Wirbelkammer-Diesel | VW Wirbelkammer-Diesel mit Abgasturbolader |
| Hubraum (cm³) | 2384 | 2384 |
| Bohrung x Hub (mm) | 76,5 x 86,4 | 76,5 x 86,4 |
| Leistung PS (kW) | 75 (55), ab 1993: 67 (51) | 102 (75), ab 1993: 91 (70) |
| Getriebe | 5 Gang | 5 Gang |
| Tankinhalt (l) | 70 | 70 |

| | | |
|---|---|---|
| **Abmessungen (mm)** | | |
| **Pritschenwagen (langer Radstand)** | | |
| Länge | 5630 (6545) | 5630 (6545) |
| Breite | 2140 (2370) | 2140 (2370) |
| Höhe | 2115 | 2115 |
| Spur vorne | 1750 | 1750 |
| Spur hinten | 1500 | 1500 |
| Radstand | 2950 (3650) | 2950 (3650) |
| | | |
| **Pritschenwagen mit Doppelkabine (langer Radstand)** | | |
| Länge | 6560 | 6560 |
| Breite | 2140 | 2140 |
| Höhe | 2115 | 2115 |
| Spur vorne | 1750 | 1750 |
| Spur hinten | 1500 | 1500 |
| Radstand | 3650 | 3650 |

| | | |
|---|---|---|
| **Gewichte und Volumen** | | |
| **Pritschenwagen (langer Radstand)** | | |
| Wagengewicht (kg) | 2155 | 2170 |
| Zulässiges Gesamtgewicht (kg) | 5600 | 5600 |
| Ladefläche (m²) | 7,5 (10,1) | 7,5 (10,1) |
| | | |
| **Pritschenwagen mit Doppelkabine** | | |
| Wagengewicht (kg) | 2355 | 2370 |
| Zulässiges Gesamtgewicht (kg) | 5600 | 5600 |
| Ladefläche (m²) | 7,6 | 7,6 |